Michael Zohary

Pflanzen der Bibel

Pflanzen der Bibel

Vollständiges Handbuch
von Professor Michael Zohary

Calwer Verlag Stuttgart

Michael Zohary
Plants of the Bible

Planned and produced by and Copyright

1 David Hamelech Street, Tel-Aviv 64953, Israel

Photography: Michael Zohary and David Darom
Editor: Phyllis Hackett
Editorial Assistant: Ronny Stein
Cartography: Shaul Shapiro

Die Übersetzung besorgten Eugen Grathwohl und Helmut Zechner

ISBN 3-7668-3397-9

3., unveränderte Auflage, 1995

Satz: Kösel, Kempten
Druck: Keter press, Jerusalem

Für Magda in Dankbarkeit

Die Bibeltexte werden nach der Übersetzung der Zürcher Bibel zitiert.
Die Abkürzungen der biblischen Bücher sowie die Schreibweise der biblischen Eigennamen folgen den »Loccumer Richtlinien«.

Inhalt

Vorwort

Mir war es vergönnt, mein Leben als Botaniker inmitten der Pflanzenwelt des Heiligen Landes zu verbringen und dabei die Bibel im Licht moderner botanischer Forschungsarbeit und -ergebnisse zu untersuchen. Ich schrieb dieses Buch aus der Notwendigkeit heraus, das wechselseitige Verhältnis zwischen dem biblischen Menschen und seiner Umwelt neu hervorzukehren und viele akzeptierte »Wahrheiten« hinsichtlich der Bestimmung und Benennung der in der Bibel erwähnten Pflanzen richtigzustellen.

Die Übersetzung vieler hebräischer Pflanzennamen in andere Sprachen ist mehr als unbefriedigend. Dasselbe gilt in noch größerem Ausmaß von den vielen Büchern, auch aus der Hand qualifizierter Botaniker und Sprachwissenschaftler, die sich sehr bemüht haben, all die erwähnten Pflanzen zu bestimmen. Bei ihren Übersetzungsversuchen in die eigene Sprache erliegen sie immer wieder der Gefahr, viele fremde Pflanzen sozusagen in das Land der Bibel »einzupflanzen«.

Dennoch stellt dieses Buch keine Forschungsarbeit dar. Es erhebt weder Anspruch auf letzte Vollständigkeit, noch vermag es alle Zweifel auszuräumen. Eine ganze Reihe von Problemen bleibt nach wie vor ungelöst. Das Buch bietet weniger Neues als vielmehr Richtigstellungen. Es ist darauf ausgerichtet, irrige Meinungen und falsche Bezeichnungen von Pflanzen »auszujäten«, die sich im Studium und in der Erforschung der biblischen Flora weithin festgesetzt haben.

Das Buch besteht aus zwei Teilen. Der erste Teil enthält eine umfassende Beschreibung des Heiligen Landes, seiner Geländeformen, der Boden- und Klimaverhältnisse sowie der Vegetationsgebiete. Dabei werden die wechselseitigen Beziehungen zwischen Mensch und Natur, wie sie sich in der Bibel widerspiegeln, gebührend berücksichtigt. Besonderes Augenmerk wurde gelegt auf die Rolle der Pflanzen in Religion und Gottesdienst, in Volkstum, Dichtung und Kunst, in Landwirtschaft und Handel. Teil zwei des Buches gruppiert sämtliche Pflanzen in natürliche Einheiten, in Einheiten nach ihrer landwirtschaftlichen Nutzung und nach Form und Gestalt. Die Darstellung und Erörterung jeder einzelnen Pflanze ist mit den einschlägigen Bibelstellen versehen, in denen sie vorkommt, und die Darstellung ihrer Lebensgeschichte erfolgt auf botanischem sowie geographischem Hintergrund wie auch hinsichtlich ihrer Verwendung oder Nutzung.

Der Gedanke, dieses Buch zu schreiben, entstand genau in der Umgebung, wo die Pflanzen aus vergangener Zeit auch heute noch blühen und gedeihen, wo die blumenreichen Landschaften der Bibel noch jenen Glanz ausstrahlen, den Propheten und Könige in Gedichten, Fabeln und Parabeln gerühmt haben und den das Volk in seinen Liedern besungen hat:

»O Herr, wie sind deine Werke so viel! Du hast sie alle in Weisheit geschaffen, die Erde ist voll deiner Güter« (Psalm 104,24).

Michael Zohary

Teil I

Der Mensch der Bibel und seine Umwelt

1 Die Pflanzen der Bibel und ihre taxonomische Zuordnung

Die Bücher der Bibel, Sprachen und Daten

Mehr als tausend Jahre mündlicher Überlieferung gingen der Niederschrift der Hebräischen Bibel, auch bekannt unter der Bezeichnung das Alte Testament, voraus. Mit Ausnahme einiger Teile in aramäischer Sprache wurde sie innerhalb eines Zeitraums von mehreren hundert Jahren in Hebräisch verfaßt und zusammengestellt. Die verschiedenen Abfassungsdaten lassen sich durch die unterschiedlichen sprachlichen Schichten feststellen. Das Alte Testament wird gewöhnlich in drei Teile gegliedert: das Gesetz, auch Pentateuch genannt, die Propheten und die Hagiographen oder »Schriften«. Die Kanonisierung des Gesetzes scheint während des 5. Jh. v. Chr. stattgefunden zu haben. Teile der Propheten wurden schon im 4. Jh. v. Chr. abgefaßt, während andere Teile offenbar erst im 2. Jh. v. Chr. und die »Schriften« zwischen dem 1. und 2. Jh. n. Chr. kanonisiert wurden. Zu diesem Zeitpunkt stellten die biblischen Bücher bereits eine geschlossene Sammlung heiliger Schriften dar, die in so hohem Ansehen stand, daß es streng verboten war, auch nur ein einziges Wort daran zu ändern.
Man sollte nicht vergessen, daß es in der Mitte des 2. Jh. n. Chr. viele andere Bücher gab, die aber wegen ihres profanen Charakters aus dem Kanon ausgeschieden wurden. Viele dieser Bücher sind unter der Sammelbezeichnung Apokryphen und Pseudepigraphen bekannt. Sie sind zwar mehr historischer Natur, aber gerade deshalb besonders wertvoll als Quellenwerke der Namen und Beschreibungen von Pflanzen und deren Identifizierung. Darüber hinaus lassen die vielen Parabeln, Sinnbilder, Ausdrücke und Redewendungen im Alten Testament auf eine reiche, außerhalb der Bibel existierende Volksliteratur sowie mythische und legendäre Werke schließen, die verlorengegangen sind.
Einige dieser verschollenen Bücher werden jedoch im Alten Testament erwähnt: so das »Buch der Kriege des Herrn« (4. Mose 21,14); »das Buch des Redlichen« (Josua 10,13); »die Chronik Salomos« (1. Kön 11,41) und einige mehr. Einzelne Beispiele wie der Segen Jakobs (1. Mose 49), Moses Lobgesang (2. Mose 15) und Deboras Siegeslied (Richter 5) weisen auf Lieder und Dichtungen hin, die im Volke umgingen.
Das Neue Testament wurde von verschiedenen Verfassern zu unterschiedlichen Zeiten zwischen 66–125 n. Chr. zusammengestellt und Ende des 2. Jh. kanonisiert. Obwohl es in Griechisch abgefaßt wurde, gehen die mündlichen Quellen einiger Evangelien auf das Aramäische und Hebräische zurück, deren Einfluß auch im griechischen Text besonders bei Markus und Matthäus und in mehreren Briefen noch zu erkennen ist.
Die Namen und Reihenfolge der Bücher sowohl des Alten als auch des Neuen Testaments sind weithin noch umstritten. Der Einfachheit halber wurde in diesem Buch die Abfolge und Übersetzung der Zürcher Bibel zugrunde gelegt.

Bibelübersetzungen und Benennungen der Pflanzen

Die frühen Übersetzungen der Bibel ins Aramäische, Griechische und Lateinische sowie die vergleichende Erforschung der semitischen Sprachen sind von großer Wichtigkeit für die Bestimmung der Pflanzennamen in der Bibel. Zur Entzifferung zweifelhafter Begriffe in der Hebräischen Bibel, deren Bedeutung unsicher ist oder die über einen langen Zeitraum nicht mehr gebraucht wurden und deshalb ganz in Vergessenheit gerieten, sind die frühen semitischen Sprachen von großer Bedeutung. Dies gilt besonders für die aramäische Sprache, weil sie in späterer biblischer Zeit so verbreitet war wie Hebräisch und die arabische Sprache. Es gibt viele hebräische Pflanzennamen, die mit den aramäischen und arabischen identisch oder verwandt sind. Das trifft jedoch nicht auf das Akkadische zu, der Muttersprache der beiden anderen, von dem man eine Schlüsselrolle in der hebräischen Sprachforschung hätte erwarten können. Überhaupt lassen sich mit Hilfe des Hebräischen leichter akkadische Pflanzennamen entziffern als umgekehrt.

Die arabische Sprache jedoch dient als eine Art natürliches Reservat, von dem aus manchmal aussterbende Namen zurückverfolgt und identifiziert werden können. Diese Funktion sollte innerhalb der Ereignisse, die sich im Land der Bibel über viele Generationen zutrugen, im richtigen Verhältnis gesehen werden.

Nach dem Untergang des jüdischen Königreichs und trotz der sieben Jahrhunderte dauernden römischen und byzantinischen Besetzungen (70 v. Chr.–640 n. Chr.) blieben viele jüdische Bauern auf ihrem Land, und unabhängig von den Umwälzungen um sie herum bestellten sie ihre Felder. So wurde eine an pflanzlichen und landwirtschaftlichen Ausdrücken reiche sprachliche Tradition lebendig gehalten, bis die Moslems 640 das Land überrannten. Überdies behielten die kurdischen Juden in ihrer Sprache Namen bei, die zur Zeit des babylonischen Exils gebräuchlich waren.

Als die Araber von den Einheimischen die jahrhundertealten landwirtschaftlichen Verfahren übernahmen, setzten sich auch die vorherrschenden Pflanzennamen in ihrer Sprache fest. Diese Ausdrücke gingen allmählich in ihre Sprache über und bewahrten auf diese Weise eine Zeitlang die ursprüngliche Bedeutung einiger Wörter. Später diente ihre Sprache dann als überaus nützliche Quelle, von der aus man unsicheren Bezeichnungen in der biblischen Pflanzenwelt nachgehen konnte. Auf diese Weise blieben Artbezeichnungen wie Apfel, Feige, Rebe, Pistazie, Mandel, Granatapfel, Johannisbrot, Ginster, Akazie und andere in der arabischen Sprache erhalten. Man sollte auch nicht übersehen, daß mit der Ausbreitung des Arabischen eine Anzahl hebräisch-arabischer Pflanzennamen ins Äthiopische und in die nordafrikanischen Sprachen eingedrungen sind.

Arabisch hat als Umgangssprache eine lange Tradition. Deshalb wird die Methode, sie als vergleichende Sprache zu verwenden, von vielen unterstützt, da sie im Blick auf einige botanische Namen, die am unsichersten sind, Klärung bringen kann.

Von den nichtsemitischen Sprachen machten das Griechische und Lateinische es möglich, einige zweifelhafte Ausdrücke und Verse in der Bibel zu entziffern, da die Übersetzung des Alten Testaments ins Griechische zu einer Zeit erfolgte, als Hebräisch noch stark verbreitet war. Obwohl die Bibel erst viel später ins Lateinische übersetzt wurde, hat auch es dank der genauen Arbeit des maßgebenden Übersetzers zur Klärung dunkler und unklarer Deutungen beigetragen. Die Tatsache, daß die meisten Übersetzungen der Bibel aus früheren Texten zu unterschiedlichen Zeiten vorgenommen wurden, erklärt die vielen Unstimmigkeiten.

Die **Septuaginta** – die griechische Übersetzung des ganzen Alten Testaments – aus dem 3. Jh. v. Chr. war der erste Versuch, die Bibel, einschließlich der deuterokanonischen und mehrerer apokrypher Bücher, in eine andere Sprache zu übersetzen. Diese Übersetzung legt einige Deutungen nahe, die viele Stellen im gesamten Text erhellen.

Die **lateinische Übersetzung** der Bibel nahm Hieronymus im 4. Jh. n. Chr. in Betlehem vor. Da er Hebräisch ausgezeichnet beherrschte, entgingen ihm die zahllosen Stellen nicht, an denen die griechische Fassung vom hebräischen Text abgewichen war. Die Beherrschung der Sprachen führte zu seiner größten Leistung: Treue gegenüber dem Urtext. Seine Übersetzung gilt als die verbindliche lateinische Fassung und ist bekannt unter dem Namen *Vulgata.* Die ersten Übersetzungen der Bibel in die meisten westeuropäischen Sprachen hatten die Vulgata als Grundlage.

Der **aramäische Text,** das Targum Onkelos, setzt sich nur mit dem Gesetz auseinander (Pentateuch) und galt als die verbindliche aramäische Übersetzung. Im 2. Jh. n. Chr. niedergeschrieben, war sie das Ergebnis einer langen mündlichen Überlieferung. Das *Targum Jonathan* aus dem 1. Jh. v. Chr. galt als die authentische aramäische Übersetzung der Propheten. Beide sind im allgemeinen ganz zuverlässig, obwohl einige Pflanzennamen eine Aramäisierung des Hebräischen zu sein scheinen, wahrscheinlich dort, wo die fraglichen Pflanzen in aramäisch sprechenden Ländern außerhalb Israels nicht vorkommen.

Die **syrische** (ostaramäische) **Übersetzung** des Alten Testaments ist die sogenannte *Peschitta* (d. h. die einfache). Sie tauchte im 1. Jh. n. Chr. auf und zeigt eine strenge Anlehnung an den hebräischen Text. Es gibt auch eine Peschitta-Übersetzung des Neuen Testaments. Ab dem Ende des 3. Jh. wurde die syrische Übersetzung zur anerkannten Bibelfassung der syrischen Kirche. Die äthiopische, ägyptische (koptische) und armenische Übersetzungen der Bibel richten sich alle nach der griechischen und/oder der

Peschitta-Fassung. Die erste Übersetzung ins Arabische stammt von Saadja Gaon aus dem 10. Jh.
Die unzulänglichen Kenntnisse über die in Israel heimischen Pflanzen und der Hang der Übersetzer, im Zweifelsfalle die in der Bibel erwähnten Pflanzen mit ihnen vertrauten Namen zu belegen, führten zu vielen Unstimmigkeiten, Ungenauigkeiten und Verwirrungen in den Übersetzungen. Sogar die Septuaginta enthält viele Pflanzennamen, die man im Land der Bibel nicht kennt, die jedoch in Griechenland anzutreffen sind. Das Gleiche trifft auf die Vulgata zu.
Englische und andere europäische Übersetzungen erweisen sich in dieser Hinsicht als besonders verheerend, da sie viele biblische Pflanzen mit europäischen Ausdrücken belegen. Kastanie, Haselnuß, Buchsbaum und Heidekraut kommen in bestimmten englischen Fassungen wie auch in anderen früheren Übersetzungen vor. Noch schlimmer ist, daß einige Übersetzungen sehr inkonsequent sind und der gleichen Pflanze mehrere Namen gaben (z. B. Brombeere, Distel, Dorn und Heckenrose).
Forscher wie Übersetzer von gestern und heute waren und sind leider nicht genügend vertraut mit den Pflanzenbezeichnungen in der originalen Hebräischen Bibel. Deshalb sind ihre Übersetzungen wissenschaftlich gesehen nicht zuverlässig, historisch jedoch nicht unwichtig.

Einige Bemerkungen zur Erforschung der biblischen Pflanzenwelt

Schon vor dem 18. Jahrhundert besuchten pilgernde Gelehrte das Land der Bibel, um seine Tier- und Pflanzenwelt zu erforschen. Einer von ihnen war Leonhardt Rauwolf aus Holland, der 1583 bis 1586 durch Arabien, Syrien und andere Länder reiste. Seine Pflanzensammlung wurde 1775 von J. V. Grenovius veröffentlicht. Am ergiebigsten waren die Reisen von de Tournefort, dessen *Relation d'un voyage du Levant* 1717/18 veröffentlicht wurde, und von Pier Fårsskål aus Dänemark 1761/62 und F. Haselquist 1777/78, beides Studenten des berühmten schwedischen Botanikers Carolus Linnaeus.
Der bedeutendste Forscher war der Schweizer Edmond Boissier, der 1846 in vielen Ländern des Mittleren Ostens Pflanzen sammelte. 1887/88 veröffentlichte er sein Monumentalwerk *Flora orientalis* in fünf Bänden mit einem Nachtrag, das immer noch die zuverlässigste Quelle über die Flora im Land der Bibel darstellt.
Boissier gab 1861 in Genf anonym ein kleines, aber wertvolles Büchlein heraus: *Botanique Biblique*. Seit jener Zeit ist mehr als ein Jahrhundert vergangen, und die Erforschung der Flora des Nahen Ostens hat große Fortschritte gemacht. Die Bücher und Veröffentlichungen anderer angesehener Botaniker und Gelehrter der Naturgeschichte wie Post, Tristram, Hart, Dalman und Balfour unter anderen sollen hier nicht unerwähnt bleiben. Aber auch sie hielten sich bei einigen Pflanzen äußerst streng an die allgemein akzeptierten Interpretationen.
Was die Werke zur Erforschung der biblischen Pflanzenwelt betrifft, so sind sie zu zahlreich, um hier einzeln aufgeführt zu werden. Sie wurden in verschiedenen Sprachen geschrieben und in Zeitschriften, Enzyklopädien und Wörterbüchern, aber auch in einigen recht umfangreichen Büchern veröffentlicht. Die meisten davon sind Werke von Theologen und Bibelwissenschaftlern, die sich mit der genauen Erhebung biblischer Namen für Übersetzungen oder sonstige Studien auseinandersetzten. Erste Veröffentlichungen dieser Art erschienen bald nach den klassischen Übersetzungen der Bibel. Die meisten dieser Werke sind in dem vierten Band *Die Flora der Juden* (1938) von E. Loew und auch in H. N. und A. L. Moldenkes *Plants of the Bible* (1952) aufgeführt. Die Meinung Moldenkes wird in folgendem klar: »Jeder, der sich, wenn auch nur oberflächlich, mit der Literatur der Pflanzen der Bibel befaßt, wird sofort von den deutlichen Unterschieden und Widersprüchen, den offensichtlich falschen Zuordnungen, den fehlerhaften Feststellungen und der allgemeinen Unsicherheit, die da existiert, beeindruckt sein.« Dies wurde 1952 veröffentlicht und ist auch heute noch zutreffend.
Die Flora der Juden von Loew besticht durch die Reichhaltigkeit und philologische Behandlung der Pflanzennamen, die in der Bibel sowie in der talmudischen und anderen jüdischen Literatur vorkommen. Das Werk wurde zwischen 1924 und 1938 in vier Bänden veröffentlicht. Es ist rein analytisch und voller Auflistungen hebräischer Namen und deren Übersetzung aus allen bekannten Quellen. Doch trotz seiner großen bibliographischen und informativen Breite, was biblische Botanik betrifft, ist es für normale Leser und Studenten ungeeignet. Viele Namen bleiben unerklärt und manche Identifizierung ist nicht akzeptabel. Insgesamt gesehen wird es aber immer eines der Hauptwerke über biblische Botanik bleiben.
Moldenke war ein Botaniker, der mit der biblischen Flora in ihrer natürlichen Umgebung nie

in Berührung kam. Obwohl seine Kenntnisse der hebräischen Sprache unzureichend waren, steuerte er viel zum Thema bei, indem er die verschiedensten Meinungen, Darstellungen, Übersetzungen und Interpretationen über biblische Botanik sammelte. Gewissenhaftigkeit verbot ihm in den meisten Fällen, irgendwelche Schlüsse zu ziehen. Dementsprechend sind die 110 in der Bibel erwähnten Pflanzen in über 230 Anmerkungen in seinem Buch verstreut.

E. und H. Hareuveni haben in Israel eine Reihe von Artikeln veröffentlicht, die sich mit biblischen Pflanzennamen und Pflanzenkunde befassen. Die meisten davon sind in Hebräisch geschrieben und in diesem Buch bibliographisch aufgeführt.

Vor kurzem hat J. Felix eine ausführliche Zusammenfassung über die biblische Flora unter dem Titel *Olam Ḥa-tzomeaḥ Ḥa-mikrai* (Die Welt der biblischen Vegetation) in Hebräisch veröffentlicht. Sie enthält auch Bemerkungen aus talmudischer und nachtalmudischer Zeit, trägt aber kaum etwas Neues zu einer zuverlässigen Identifizierung der vielen unbekannten Namen bei.

Zur Identifizierung biblischer Pflanzen

Von den 110 in der Bibel erwähnten Pflanzen sind viele vorbiblischem Volkstum und Sprachschatz zuzurechnen. Einige werden über hundertmal, andere seltener und einige nur einmal erwähnt. Allerdings stimmt die Häufigkeit der Nennung nicht immer mit der Bedeutung und Nüzlichkeit überein. Insgesamt sind darin auch ungenaue und dunkle Bezeichnungen eingeschlossen, die über die Generationen mündlich weitergegeben wurden.

Dieses Buch beschäftigt sich mit 128 charakteristischen Pflanzen, die der biblischen Pflanzenwelt zugehören; das sind 18 Pflanzen mehr, was darauf zurückzuführen ist, daß die biblischen Erzähler weniger an einzelnen Artnamen als an ihrer Bedeutsamkeit interessiert waren. So wurden ganze Gruppen, die in der gleichen Umgebung, wie z. B. Sumpf, Wiese, Wüste oder Salzböden lebten, in Kategorien zusammengefaßt und erhielten Sammelnamen. Die heutigen botanischen Kenntnisse erlauben es uns, hier etwas genauer zu sein.

Da sich im letzten Jahrtausend großklimatisch keine großen Veränderungen ergaben, hat sich auch die Flora wenig verandert. Deshalb kann bei einer Erforschung der biblischen Flora von der heutigen Pflanzenwelt ausgegangen werden. Das trifft natürlich nur auf die einheimische Pflanzenwelt zu, nicht aber auf die Kulturpflanzen, die sich in den letzten hundert Jahren stark verändert haben. Doch macht es weniger Schwierigkeiten, sowohl die wilden als auch die Ackerpflanzen zu identifizieren. Viel problematischer ist eine dritte Gruppe: Arzneimittelpflanzen, Lieferanten aromatischer Öle und Duftstoffe sowie teure eingeführte Hölzer.

Die Schwierigkeiten bei der Identifizierung der biblischen Flora haben verschiedene Gründe. Das fängt damit an, daß die Bezeichnung einiger biblischer Pflanzen nicht immer eindeutig war und man sich auf einen mehr symbolischen und idiomatischen Gebrauch stützte. Überhaupt bezeichnen nicht alle biblischen Namen spezielle Pflanzen, wie aus den 20 Namen für die Dornbüsche in der Bibel hervorgeht. Da es mehr als 60 Arten von Dornenpflanzen in der heimischen Flora gibt, ist jeder der 20 Namen nur schwer einer speziellen Art zuzuordnen. Einige der Pflanzennamen sind zweifelsfrei mehrdeutig, d. h. sie bezeichnen mehr als nur eine Art. Das wird am deutlichsten an der Verwendung von *erez* (Zeder) für die echte Zeder, die Tanne, die Tamariske und wahrscheinlich auch für den Wacholder. Bei anderen Namen ist vermutlich das Gegenteil der Fall, d. h. mehrere Namen für eine Pflanze, wie im Falle von *kotz ve-dardar* und *shamir va-shayith:* beide stehen für »Dornbusch«. Das trifft vermutlich auch für *shoshan* und *ḥavazteleth* zu, die beide für »Blumen« stehen (vgl. Hosea 14,5 und Jesaja 35,1 mit dem Hohenlied 2,1). Solche Verbindungen *(Hendiadys)* sind in der Bibel häufig und beschränken sich nicht nur auf Pflanzen. Weitere Schwierigkeiten entstehen aus der eher kollektiven Namensgebung für bestimmte Pflanzengruppen: *kaneh va-suf* z. B. scheint ein allgemeiner Ausdruck für »Schilf« und »Binse« zu sein. Schließlich gibt es einige Pflanzennamen, die offensichtlich nomina nuda (leere Namen), d. h. an nichts Bestimmtes gebundene Namen sind. Es sind Überreste alter Überlieferungen oder veralteter und vergessener Redewendungen.

Solche Relikte wanderten unbemerkt in die Rede der Propheten ein, besonders bei Jesaja, der den größten Wortschatz an Pflanzennamen aufweist.

Trotz der Anstrengungen vieler Gelehrter konnte eine stattliche Anzahl biblischer Pflanzennamen bisher noch nicht mit Sicherheit identifiziert werden; bei einigen besteht vielleicht überhaupt keine Aussicht, daß ihre Bestimmung je ganz zu klären ist.

2 Die Topographie des Landes

Das biblische Israel bestand aus den beiden Gebieten längs des Jordan. Im Norden grenzte es an Assyrien, im Süden an Ägypten, die beiden damaligen Großmächte. Damals wie heute war es ein Korridor, der den Norden mit dem Süden verband, und ein Korridor zwischen Asien und Afrika.

Die Umweltfaktoren des Landes sind bezüglich Topographie und Klima sehr unterschiedlich, was in erster Linie auf den großen Höhenunterschied zurückzuführen ist. Im Norden erreicht der Berg Hermon eine Höhe von 2800 m, während im Süden das Gebiet des Toten Meeres 396 m unter dem Meeresspiegel liegt. Diese Verschiedenartigkeit des Geländes hat Lebensweise und Lebensbedingungen der Bewohner entscheidend beeinflußt und die Geschichte des Landes geprägt.

Die auffallendste Geländeform ist das ansteigende Gebirgssystem, das sich auf der Mittelmeerseite längs des Jordan erstreckt. Im Osten fällt es steil ab, während es sich im Westen langsam zum Meer hinunterzieht und so vier topographische Bereiche formt: die Küstenebene, das Bergland, den Jordangraben (Rift Valley) und die ostjordanische Hochebene. Diese einzelnen Bereiche sind durch ihre Geländeform, ihr Klima und ihr Pflanzenreich klar zu unterscheiden. Diese Großräume haben sich während der letzten Million Jahre fast nicht verändert und sahen in biblischer Zeit genauso aus wie heute. Alle diese Längsgürtel werden der Breite nach durch zwei Täler geteilt: das Jesreel-Tal im Norden und das Beerscheba-Tal im Süden.

Die Küstenebene

Die Küstenebene ist ein ziemlich weiter welliger Streifen von West nach Ost, teilbar in eine sandige Zone mit Sandebenen und Wanderdünen. Östlich davon erstreckt sich eine Zone von sandig kalkigen Hügeln, die von Streifen mit rotem Lehm durchzogen sind, noch weiter östlich ein Gürtel mit dunkler Erde von unterschiedlicher Breite. Dies war immer der fruchtbarste Teil des Landes und galt als seine Kornkammer. Die Küstenebene wird fast überall vom Mittelmeerklima beeinflußt und zeigt die entsprechende Flora und Fauna. Sie wird zweimal von Gebirgen unterbrochen, die bis zum Meer reichen. Einmal bei der Leiter von Tyrus und weiter südlich beim Berg Karmel. Sie hat viele Wasserläufe, die im Norden ganzjährig Wasser führen, im Süden aber austrocknen. Seit biblischer Zeit war diese Ebene in vier Gebiete unterteilt: Negev und Philister-Ebene im Süden, Scharon und Sebulon-Ebene im Norden.

Die Wanderdünen verhinderten die landwirtschaftliche Nutzung großer Flächen der Küstenregion, behinderten den Abfluß von Wasser ins Meer und verursachten eine Vermarschung weiter Landstriche. Große Teile davon waren deshalb unbewohnt. Allerdings hatte ein Teil – der Scharon, zwischen Haifa und Jaffa – zumindest bis ins letzte Jahrhundert große natürliche Eichenwälder.

Das Bergland, die Hänge

Das Bergland, dessen höchste Erhebungen, der Berg Meron in Obergaliläa (1208 m) und der Berg Ramon (1010 m) im Negev sind, ist ebenfalls von Norden nach Süden hin in Distrikte geteilt: seit altersher bekannt als Galiläa – dort fallen die stärksten Niederschläge, deshalb ist es auch das fruchtbarste Land –, Samarien mit den Bergen Gilboa und Karmel, und Judäa weiter südlich. Von Beerscheba aus erstreckt sich die Wüste Negev weit nach Süden. Zur Zeit der Bibel waren die Hänge und Bergrücken das Hauptverbreitungsgebiet der unbewässerten Terrassenlandwirtschaft mit zwei Ernten im Jahr und Obstgärten.

Niederschlagsmengen und Fruchtbarkeit gehen von Norden nach Süden zurück. In Judäa halten die hohen Berge den Regen aus dem Westen ab. Die Osthänge bilden deshalb eine Schattenwüste – die Judäa-Wüste. Bis Daharie, etwa 20 km

Karte 1
Die Topographie des Landes
■ Küstenebene
■ Bergland
■ Jordangraben
■ Ostjordanische Hochebene
Tyrus
Hermon
2800 m
Hule-See
Meron
1208 m
(Galiläa)
Golan-Höhen
ca. 1500 m
See Gennesaret
Karmel
552 m
Jesreel-Tal
Bet-Schean
Mittelmeer
Küstenebene
Bergland
Jordangraben
Ostjordanische Hochebene
Joppe
Rabbat-Ammon
Jericho
Jerusalem
Azza
(Gaza)
Salzmeer
(Totes Meer)
−396 m
Beerscheba
Negev
Aravah-Tal
Ramon
1010 m
Edom-Gebirge
ca. 1440 m
Ezjon-Geber
Elat
© Shapiro/Sadan
In Klammern gesetzt sind die
ab der Hellenistischen Periode (323 v. Chr.)
verwendeten Namen.

Der Karmel im Bergland. Seine dichten Misch- und Buschwälder – vor allem Eichen und Aleppokiefernbestände – haben sich seit biblischer Zeit kaum verändert (links).

Die Umweltverhältnisse des Landes wirken sich äußerst unterschiedlich auf Topographie und Klima aus. Dies ist wesentlich auf die drastischen Höhenunterschiede zurückzuführen. Sie reichen von 2800 m des schneebedeckten Hermon im Norden (oben) bis zu 396 unter dem Meeresspiegel des Toten Meeres im Süden (unten).

Die Akazie beherrscht die Landschaft im Aravah-Tal, das sich in einer Länge von 180 km südlich des Toten Meeres zwischen den Bergen des Negev im Westen und denen Moabs und Edoms im Osten erstreckt.

Im »Dickicht des Jordan« (Jeremia 12,5) – dem sich am Flußufer hinziehenden Wald – herrschen besonders die Euphrat-Pappel und die Tamariske vor. Beide Bäume vertragen einen hohen Grad an Salzgehalt im Boden.

südlich von Hebron, ist unbewässerter Landbau möglich. Er besteht aus einer – wenn auch stark zerstörten – Baumlandschaft. Weiter südlich fällt zu wenig und unregelmäßig Regen, um eine ständige Bewirtschaftung möglich zu machen.
Der Negev ist überwiegend Wüstengebiet, Teile davon können zur Beweidung und zeitweisem Ackerbau bewirtschaftet werden. Die starken, fast alljährlichen Überschwemmungen und das an der Oberfläche abfließende Wasser der Berghänge unterstützten die Entwicklung einer speziellen Terrassenwirtschaft, die selbst in trockenen Gegenden noch Ackerbau ermöglicht. Der Gedanke, Teile des Negev durch Bewässerung mit abfließendem Oberflächenwasser nutzbar zu machen, war ein großes Anliegen der Könige Israels. Der in dieser Hinsicht bekannteste war König Usia (8. Jh. v. Chr.). Diese Art der Zulaufbewässerung wurde von den Nabatäern in den ersten nachchristlichen Jahrhunderten hoch entwickelt. Allerdings bildete sich dieser Fortschritt im Zuge der Eroberung des Negev durch die Araber im 7. Jh. n. Chr. allmählich wieder zurück. Diese Art des Landbaus geriet dann bis in die Mitte dieses Jahrhunderts in Vergessenheit, als Anstrengungen unternommen wurden, um diese Flächen wieder nutzbar zu machen.

Der Jordangraben

Er hat seine besonderen charakteristischen Merkmale. Er beginnt im Norden Syriens und erstreckt sich bis in die Quellgegend des Sambesi in Afrika, erstreckt sich der Länge nach durch ganz Israel und läßt sich in fünf Teile gliedern.
Der nördlichste Teil, das Dan-Tal, ist eine sehr fruchtbare Ebene mit vielen Quellen. Das Tal wird von drei Flüssen durchzogen, die sich dann vereinen und den Jordan bilden. Südlich davon liegt die Hule-Ebene, eine Sumpflandschaft, in der bis vor kurzem die größten Papyrussumpfe des Mittleren Ostens lagen. Bis auf ein kleines Naturschutzgebiet wurden die Sümpfe trockengelegt. Beide Ebenen gehören zum Tabor-Eichenwaldgebiet. Südlich der Hule-Ebene fließt der Jordan durch eine Talsenke, um sich schließlich in den See Gennesaret zu ergießen, der von einem sehr fruchtbaren Gebiet umgeben ist.
Das untere Jordantal von Bet-Schean bis zum Toten Meer hat wegen der geringen Niederschläge nur eine spärliche Vegetation. Der Salzgehalt des Jordan steigt nach Süden hin an. Die typische Pflanzengesellschaft ist der Jordan-Wald, in dem die Euphrat-Pappel und die Tamariske vorherrschen, die beide salztolerant sind. Diese Wälder, das biblische »Dickicht« oder der »Hochwuchs« des Jordan (Jer 49,19), erstrekken sich bis an die nördlichen Ufer des Toten Meeres, wo nur noch salztolerante Pflanzen gedeihen. Vom Norden Jerichos bis in den Süden entspringen eine Reihe Süßwasserquellen und Bäche, die sich in den Jordan und das Tote Meer ergießen. An ihnen liegen die großen Oasen Naaran, Fara, Jericho, Nimrim, En-Gedi und Zoar. Südlich des Toten Meeres erstreckt sich das breite 180 km lange Aravah-Tal zwischen den Bergen des Negev im Westen und denen von Moab und Edom im Osten.
Seine unterschiedlichen Böden und die Mikrotopographie bestehen aus Schattenwüsten, Sandfeldern und Dünen, aus Salzfeldern und Geröllhalden und bizarr geformten trockenen Flußläufen. Die Handelsrouten von den Häfen am Roten Meer (Ezjon-Geber) bis zu den Zentren im Innern des Landes durchquerten das Tal, das zur Zeit der Bibel nur von Wüstennomaden dünn besiedelt war.

Die Hochebene

Die Hochebene jenseits des Jordan ist durch die natürlichen Gegebenheiten in drei Blöcke gegliedert: die Baschan nördlich des Jarmukflusses; Gilead und Moab zwischen Jarmuk und Sered sowie Edom zwischen dem Berg Seir und dem Golf von Elat. Die Flüsse, die die Erhebungen durchziehen, sind der Jabbok, der Arnon und der Sered. Sie fließen in den Jordan, das Tote Meer und das Aravah-Tal.
Die beiden höchsten Erhebungen sind hier ziemlich weit voneinander entfernt. Die nördlichste, bei den Golan-Höhen, erreicht fast 1500 m, die südlichste etwa 1440 m im Edom-Gebirge. Das Plateau liegt höher als die Berge westlich des Jordan. Eine vorherrschende Geländecharakteristik des Edom-Gebirges ist der Nubische Sandstein, der das vulkanische Massiv überlagert und für die Entstehung der Sandwüsten verantwortlich ist und die mächtigen Felsen, aus denen Petra, die malerische nabatäische Hauptstadt, geschlagen wurde.

3 Das Ackerland und die Wüste

Das Auftreten einer so großen Anzahl von Pflanzengesellschaften in Israel, selbst innerhalb der gleichen Klimazonen, ist auf die Bodenvielfalt und deren Besonderheiten zurückzuführen. Das Wort *adamah,* das mehr als zweihundertmal in der Bibel vorkommt, bedeutet sowohl Land als auch Erde. *Karka* bezeichnet in der Bibel nur den Fußboden in Gebäuden, während es im nachbiblischen Hebräisch auch für Erde verwendet wird.
Während die klimatischen Unterschiede und die damit verbundenen saisonalen und jährlichen Wechsel in vielen Kapiteln und Versen der Bibel auffallen, wird die Bodenvielfalt fast nicht erwähnt, obwohl sie nach dem Klima wichtigster Faktor ist. In der Tat sind die Böden des Landes sehr unterschiedlich; sie reichen von feinen, tiefgründigen, sehr fruchtbaren Böden bis zur trokkenen, steinigen Wüste.

Die wichtigsten Böden Israels:

Terra Rossa (Rote Erde). Dieser Bodentyp ist charakteristisch für den mediterranen Teil des Landes. Er entstand aus hartem Kalkstein und Dolomit. Seine Farbe ist rot bis braun. Er kommt in verschiedenen Stufen vor, ist aber, insgesamt gesehen, besonders in den Ebenen der fruchtbarste Boden. Obwohl er in den Bergen meist nur von geringer Mächtigkeit ist, wachsen natürliche Wälder darauf.
Rendzina ist ein grauer bis weißlichgrauer Boden, der sich aus weichem Kalkstein oder Mergel entwickelt hat. Er kommt zusammen mit der Terra Rossa vor, hat ein hohes Wasserhaltevermögen und ist im mediterranen Klima recht fruchtbar. Er zeigt unterschiedliche Farben und läßt sich leichter bearbeiten als die Terra Rossa.
Sandböden finden sich hauptsächlich in der Küstenregion und bestehen überwiegend aus Silikatkörnern, die von Küstenbrisen verweht werden. Sie kommen in unterschiedlichen Formen vor: als kalkhaltige Sandsteine und sandige Lehme bis zu Sandfeldern und Dünen. Es sind leichte Böden, die auch leicht zu bearbeiten sind.
Schwemmböden entstehen zumeist durch Erosion der höher gelegenen Berge und sind in Gebieten von hochwasserführenden Bächen anzutreffen. Sie sind tiefgründig, schwer und haben eine feine Textur mit einer hohen Wasserkapazität. Es gibt sie nur in den Ebenen und Gebirgstälern. Sie stellen die fruchtbarsten Böden dar und werden seit Urzeiten intensiv bewirtschaftet.
Grauer Steppenboden ist ein Halbwüstenboden, der sich hauptsächlich aus weichem Kalkstein in regenarmen Gegenden entwickelt hat. Der Boden ist typisch für die östlichen und südlichen Gebiete, die an das mediterrane Klima angrenzen. Sie kommen auch in der westlichen Wüste Juda und im nördlichen Negev vor. Bäume gedeihen hier nicht mehr und auch Ackerbau ist nicht mehr möglich.
Lößböden sind auf den nördlichen Negev und das südliche Transjordanien beschränkt. Es sind Ablagerungen von Staubstürmen aus vegetationslosen Gegenden in Ebenen und Gebirgstälern. Sie gelten als die wertvollsten Böden der Wüste und werden in bestimmten Regionen seit Jahrtausenden bewirtschaftet.
Hammada sind Wüstenböden mit groben Steinen auf einer grauen oder bräunlichen steinreichen Schicht. An manchen Stellen ist der Boden salzig, an anderen ganz salzfrei. Im allgemeinen ist er unfruchtbar, zeigt aber unter bestimmten Bedingungen einen Bewuchs von mageren Zwergbüschen.
Reg ist ein Wüstenboden, der auf Ebenen und Täler beschränkt und mit kantigem Schotter und Kieselsteinen bedeckt ist. Der Boden unter dieser steinigen Deckschicht ist feinkörnig und oft reich an Salz und Gips. Seine extreme Trockenheit machen ihn absolut steril.
Sümpfe und **Salzquellen.** Beide sind mehr oder weniger stark von besonderen Pflanzenarten bewachsen.

Die fruchtbare Terra-Rossa-Erde im nördlichen Tiefland. Ihre rotbraune Farbe ist charakteristisch für den mediterranen Teil des Landes.

Im »Salzland der Bibel«, einem Teil des Aravah-Tals südlich des Toten Meeres, trifft man auf einen dichten Tamariskenwald, durchsetzt von Arthrocnemum. Beide sind typische Gewächse der Salzvegetation.

Die Berge, die Ackerland und Wüste trennen. Das Foto zeigt den unbebaubaren grauen Steppenboden an den Osthängen des judäischen Gebirges, das von Jerusalem hinabreicht in die Wüste gegen Jericho und das Tote Meer zu. Auf dem Hügel liegt Jerusalem mit dem Skopusberg rechts und dem Ölberg in der Mitte.

Wanderdünen im Negev. Sie entstehen durch Staubstürme aus vegetationslosen Gebieten. Diese malerischen Hügel bilden eine der vielen Arten von Sandböden, die sich landwirtschaftlich zum Teil leicht bearbeiten lassen.

Tief durchfurchter Boden im Jesreel-Tal des Nordens. Dieser schwere und feinkrumige Schwemmboden mit seiner hohen Wasserkapazität ist nur in Ebenen und Gebirgstälern anzutreffen und gilt als der fruchtbarste Boden des Landes. Er wird von alters her intensiv bearbeitet.

4 Jahreszeiten und Klima

Die topographische Unterschiedlichkeit des Landes spiegelt sich auch in seinen extremen Klimaten wider. Es reicht von einem warmen, halbfeuchten Klima im Norden bis zum subtropisch extremen Trockenklima im Süden. Davon wie auch von dem drastischen Klimawechsel wurde das Einzel- und das Gesamtleben beeinflußt, und zwar so stark, daß Regen und Trokkenheit, Hitze und Kälte in der Bibel als Themen in Redewendungen, Fluchworten und Segenssprüchen einen zentralen Platz einnehmen. Hunger und Not sind über hundertmal in der Bibel erwähnt und waren die am meisten gefürchteten Übel. Tatsächlich ist der wichtigste klimatische Faktor in Israel der Regen. Er ist es in einem so hohen Maße, daß in biblischer Zeit, als die Existenz des Menschen von den Erträgen seiner Felder abhing, die Niederschläge oft über Leben und Tod entschieden.

Jahreszeiten

Das Klima des Landes ist von seinem Ablauf her gesehen typisch mediterran. Das heißt, das Jahr hat zwei Jahreszeiten: einen milden, regenreichen Winter, der mit dem ersten Regen im Oktober beginnt, und einen heißen, trockenen Sommer, der im Juni beginnt. »Frost und Hitze, Sommer und Winter« (1. Mose 8,22). Da Frühling und Herbst sehr kurz sind, werden sie in der Bibel nur selten als Jahreszeiten erwähnt.

Die Dauer der Jahreszeiten und die Regenmenge ändern sich auffallend mit dem Breitengrad und der Höhe, aber auch von Jahr zu Jahr. Israel ist ein Land, das am Rand des afroasiatischen Wüstengürtels liegt. Niederschläge sind unsicher, nicht nur in ihrer Höhe, sondern auch in der Verteilung. Das Ackerland und die Wüste werden durch eine Zone getrennt, deren Breite von Jahr zu Jahr sich ändert. Der Negev gilt im großen und ganzen als eine trockene Wüste, blüht bisweilen aber auf – »gleich der Narzisse soll sie blühen und frohlocken« (Jesaja 35,1–2)–, während große Teile des Ackerlands manchmal austrocknen. Die durchschnittlichen Niederschlagsmengen an einigen Orten in Obergaliläa können bis zu 1000 mm betragen, in Samarien und Judäa hingegen fallen sie auf 600–700 mm, im südlichen Judäa auf 400 mm und im nördlichen Negev auf 200 mm. Im südlichsten Teil des Negev fallen im Durchschnitt 25 mm, es kann aber auch jahrelang jeder Regen ausbleiben. Die Regenmenge verhält sich nicht proportional zum Breitengrad. In den südlichen Breiten fällt die Kurve wesentlich steiler ab als im Norden Israels. Die Unsicherheit des Beginns und der Gesamtmenge und der Schauerstärke machen den Regen zum wichtigsten Klimafaktor.

Regen

Die Niederschlagsmenge teilt das Land in einen Weizen- und Gerstengürtel. Der Anbau von Gerste ist noch bei einer Niederschlagsmenge von 200 mm möglich. Allerdings verhält es sich so, daß in Gegenden mit einer durchschnittlichen jährlichen Niederschlagsmenge von 200 mm in einem Jahr nur 50 mm, in den anderen dafür 400 mm fallen. Diese Unregelmäßigkeit hat häufig Dürrezeiten und andere Notstände zur Folge und ist der Grund dafür, warum Weizen, der mindestens 400 mm benötigt, einen Monat länger bis zur Reife braucht als Gerste.

Tau

Tau, eine andere Form von Niederschlägen, wird genauso als himmlischer Segen angesehen. Für den Ertrag der Sommerernte ist er unerläßlich, und das besonders in der Wüste Negev und der Küstenebene, auch an einigen anderen Stellen, wo etwa 250 Nächte, in denen Tau fiel, gezählt wurden. Auch der wenige Schnee, der fast jedes Jahr in den judäischen und galiläischen Bergen fällt, ist als Niederschlag nicht unwesentlich.

Temperatur

Die Temperatur hat weniger Einfluß auf die Klimastruktur. Dennoch ist sie für die jährliche Ernte von großer Bedeutung. Die mittlere Jahrestemperatur weist starke Unterschiede von Norden nach Süden hin auf. Die mittlere Monatstemperatur fällt im Januar, dem kältesten Monat, auf 7° C in Galiläa, 8° C in Jerusalem, 11° C in Beerscheba und um 16° C im Gebiet des Toten Meeres. Noch größer sind die mittleren Maxima im Juli, dem heißesten Monat, wo die Temperaturen zwischen 20 und 38° C schwanken. Das Auftreten von tropischen Pflanzen in unserer einheimischen Flora hängt mit den höheren Wintertemperaturen zusammen. Die Temperatur im unteren Jordan-Tal im Aravah-Tal und in der Küstenebene haben seit alten Zeiten den Anbau subtropischer Pflanzen ermöglicht.

5 Pflanzliche Landschaften in biblischer Zeit

In Israel wachsen etwa 2600 Pflanzenarten. Angesichts der Größe des Landes, das etwa zur Hälfte aus Wüste besteht, ist dies eine sehr hohe Zahl. Das hat seit langem, besonders in den letzten zwei Jahrhunderten, die Aufmerksamkeit der Wissenschaftler, die sich mit der Geschichte der Natur befassen, erregt. Die Flora besteht aus vier pflanzen-geographischen Elementen: dem mediterranen, dem irano-turanischen (orientalischen Steppe), dem saharischen und dem tropischen sudanesisch-sambesischen. Jedes Element überwiegt in einer bestimmten Gegend, die durch entsprechende klimatische Bedingungen charakterisiert ist.
Angesichts der Vielfalt der Flora in diesem Land überrascht es, daß sich nur 110 Pflanzennamen in der Bibel finden. Dies könnte darauf zurückzuführen sein, daß die Verfasser der Bibel und die Menschen, über die sie schreiben, wenig Interesse an ihrer natürlichen Umgebung zeigten. Dies trifft sicher nicht zu. Von allen vergleichbaren Schriften und Büchern befaßt sich die Bibel wahrscheinlich am stärksten mit der Natur. Wir werden später auf das Thema von der Beziehung und Liebe zur Natur zurückkommen und wollen jetzt nur hervorheben, daß die Bibel hauptsächlich an Pflanzen interessiert ist, die etwas mit Landwirtschaft, mit Religion und Riten zu tun haben. Pflanzen kommen auch in der Dichtung und in der Spruchliteratur vor. Auch werden etwa ein Dutzend Pflanzen erwähnt, die zur Heilung oder als Duftstoffe und in der Kosmetik Verwendung fanden. Man sollte nicht übersehen, daß selbst in der nichtprofessionellen weltlichen Literatur nirgendwo eine solche Fülle von Bezügen auf Pflanzen festzustellen ist, die sich aus den verschiedensten Lebensaspekten heraus ergeben, wie in der Bibel.
Die Vegetationslandschaften des Landes sind seit biblischer Zeit nahezu die gleichen geblieben, was für Wälder, Macchie und Busch ebenso zutrifft wie für Sümpfe, Wüsten und Salzquellen.
In der Bibel werden Sammelnamen für unterschiedliche Pflanzengesellschaften und -formationen verwendet, wie z. B. *yaar* und manchmal *ḥoresh* für Wälder und Waldungen, während *bathah* Buschland bezeichnet. Die Zahl der Baumarten macht nicht mehr als drei Prozent der gesamten Flora aus, die Hälfte davon wirft die Blätter ab, der Rest ist immergrün.

Wälder und Bäume

Es gibt einige Orte, die die Namen von Wäldern oder Bäumen tragen, wo heute keine einzige Baumpflanze mehr wächst. Dies legt den Schluß nahe, daß es früher wesentlich mehr Wälder und Baumlandschaften gab als heute. Der Grund ist wahrscheinlich der, daß die Wälder gerodet wurden, um neue Ackerflächen zu gewinnen.
Israel und der angrenzende Libanon waren einst die Hauptlieferanten von Holz für einige ihrer Nachbarn, die keine Wälder besaßen, wie alte Dokumente über den Export von Nutzholz aus Kanaan beweisen. Inzwischen wurden die Wälder größtenteils zerstört, doch die noch existierenden Reste haben den Charakter ihrer Vergangenheit bewahrt, und einige Wälder aus biblischer Zeit existieren heute noch.
Der **Wald der gewöhnlichen Eiche** gilt als der bekannteste und wichtigste Typ der örtlichen Baumbestände. Abgesehen von der gewöhnlichen Eiche *(Quercus calliprinos)*, der Hauptart dieser Gesellschaft, enthält dieser Wald die palästinische Terebinthe *(Pistacia palaestina)*, den Lorbeer *(Laurel nobilis)*, den Erdbeerbaum *(Arbutus andrachne)*, den gemeinen Hagedorn *(Crategus aronia)* und den Johannisbrotbaum *(Ceratonia siliqua)*.
Durch seine erstaunliche Widerstandsfähigkeit gegen Axt, Feuer und Beweidung ist es diesem Typ Wald gelungen, trotz der unablässigen zerstörerischen Wirkung des Menschen und seiner Tierherden, teilweise zu überdauern.
Die gemeine Eiche – von buschartiger Statur in der Macchie – erreicht unter guten Bedingungen

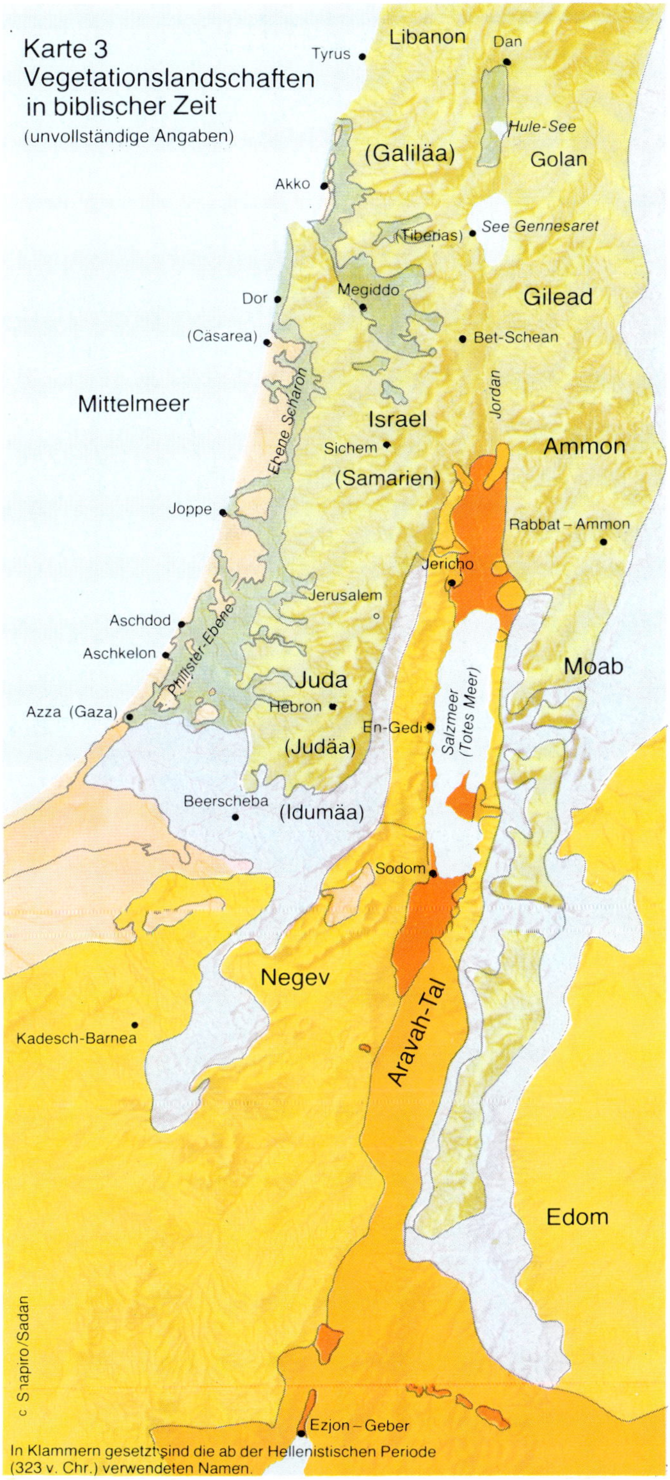

Wald und Maccie mit Überresten von Tabor-Eichen und gemeinen Eichen, Styrax, Johannisbrotbäumen, Mastixsträuchern und Allepo-Kiefern. In der krautartigen Halbsteppenvegetation sind auch der weiße Ginster, der Christus- und Lotusdorn, gelegentlich auch die Atlantische Terebinthe anzutreffen. Mediterranes Klimaxgebiet.

Die Küstenebene (ohne Karmelrücken) besteht aus sandigen Böden, Grasland oder Gebüsch, manchmal mit Tabor-Eichen oder Johannisbrotwäldern und Mastixsträuchern durchsetzt.

Ebenen und Täler in Kultur.

Halbwüsten-Zwergstrauchvegetation. Klimaxgebiet irano-turanischer Steppenvegetation.

Wüsten, pflanzenlos oder nur in Zuflußgebieten bewachsen, zumeist mit Zwergbüschen der Anabasis-Gruppe.

Salzige Wüsten mit Vegetation der Sode-Arten.

Tropische Vegetation mit wilden und kultivierten Oasen von Akaziengesellschaften.

Sandwüsten im nordöstlichen und nordwestlichen Negev, gelegentlich Sand und Löß, bewachsen mit weißem Ginster und Haloxylon-Arten.

Große Teile der Küstenebene sehen wie diese Sandebene aus. Bei Cäsarea erwecken sie den Eindruck eines »Savannenwaldes«, der von dem auffallenden Johannisbrotbaum und der Mastix-Pistazie beherrscht wird (oben).

Das Gebiet der dichten Eichenwälder im nördlichen Teil des Berglandes – hier im westlichen Galiläa – weist die höchsten Niederschlagsmengen auf und zählt deshalb zu den fruchtbarsten Gegenden (links).

Wegen des extrem trockenen Klimas und des armen Wüstenbodens – so am Berg Ramon im Zentral-Negev – wachsen nur vereinzelt Zwergsträucher und Grasbüschel wie diese niedrigen Sträucher des weißen Wermut, die den Hintergrund bilden für die noch auffallendere Atlantische Terebinthe (unten).

Üppige Flußvegetation am Ufer eines Jordanzuflusses kurz vor seiner Mündung in den nordöstlichen Teil des Sees Gennesaret. Vorherrschend bei diesen Uferpflanzen ist der Oleander (rosa Blüten im Hintergrund). Vor dem Oleander erkennt man das hier überall anzutreffende Schilfrohr und im Vordergrund die dunkelgrünen Büschel der wohlriechenden Minze.

Am Rand der Wüste. Ein Zwergstrauchgebiet, wie es für den mediterranen Teil des Landes besonders charakteristisch ist. An den Osthängen der judäischen Berge in Richtung Jericho ist die dornige Becherblume die dominante Pflanze.

eine beeindruckende Höhe und ein beachtliches Alter. Aus diesem Grunde wurde sie weithin verehrt, oft auch vergöttert. In ihrem Schatten begruben die alten Hebräer und später die Araber ihre angesehenen und geliebten Toten.

Der **Tabor-Eichenwald** ist blattabwerfend und auf die Scharon-Ebene, das untere Galiläa sowie das Hule- und das Dan-Tal begrenzt. Sein Hauptvertreter ist eine breitblättrige Eiche, die Tabor-Eiche. Aus den Überresten lassen sich drei Varietäten erkennen: der Waldpark in der Scharon-Ebene, wo die verstreuten Eichen in einer Graslandschaft stehen, die an eine Savanne erinnert; die Eichen im unteren Galiläa in Gesellschaft mit mehreren Baumarten der Macchie, sehr oft mit dem Styrax *(Styrax officinalis);* und der Wald im Hule-Dan-Tal und den angrenzenden Berghängen, wo die atlantische Terebinthe *(P. atlantica)* der wichtigste Gesellschafter der Tabor-Eiche ist. Beide Bäume können sehr groß und alt werden. *Allon* (Eiche) und *elah* (Terebinthe) symbolisieren in der Bibel sehr häufig Stärke und Glanz.

Der **Aleppokiefernwald.** Hier ist die Aleppokiefer *(Pinus halepensis)* der Hauptvertreter, dazwischen wachsen einige Arten der Eichenmacchie. Dieser Waldtyp benötigt einen weichen, gräulichweißen, kalkigen Boden und war früher weiter verbreitet. In Galiläa, Samarien und Judäa findet man noch Überreste, während in Gilead und auf dem Karmel noch verhältnismäßig große Bestände anzutreffen sind.

Johannisbrot- und Mastixstrauch-Buschwälder. Eine Art des immergrünen Waldes, in dem der Johannisbrotbaum *(Certonica siliqua)* und der Mastix-Strauch *(Pistacia lentiscus)* dominieren, wächst im Vorgebirge westlich der Bergkette, die von Judäa bis zur Grenze des Libanon reicht, auf den lehmigen kalkhaltigen Sandsteinhügeln *(kurkar)* und festen Sanddünen der nördlichen Scharon-Ebene wie auch auf einigen der östlichen Hänge Galiläas und Samariens. Dieser Buschwald, der normalerweise über eine Höhe von 300 m über dem Meeresspiegel nicht hinausreicht, wurde an einigen Stellen völlig vernichtet, an anderen blieb nur der Johannisbrotbaum wegen seiner Früchte, die von Mensch und Tier verzehrt werden, verschont.

Diese Wälder und Buschwälder prägen die Form der mediterranen Vegetation und bildeten ursprünglich einen mehr oder weniger kontinuierlichen Baumgürtel. Da aber die Böden und das Klima dieses Gebietes sich schon immer für eine seßhafte Landwirtschaft anboten, hat der Mensch die natürliche Vegetation nachhaltig beeinflußt, hauptsächlich, um seine Acker- und Weideflächen auszuweiten, aber auch, um Bau- und Brennmaterial zu gewinnen. Einige Wälder jedoch überlebten aufgrund der natürlichen Bedingungen und der Robustheit der Bäume, die nach dem Fällen und Brennen wieder austrieben. Wo der Mensch keinen Einfluß mehr nimmt, findet ein natürlicher Aufwuchs in aufeinanderfolgenden Stufen statt. Jedes Stadium liefert eine Vegetation, die höher wächst als die vorherige, bis ein echter Wald oder ein Zwergwald entsteht.

Vegetation in Feuchtgebieten. Sümpfe und Flüsse mit vielen Wasserpflanzen sind hauptsächlich auf die Küstenebene und das Jordan-Tal beschränkt. Einige ihrer Hauptvertreter sind der Schilf *(Phragmites australis)*, der Papyrus *(Cyperus papyrus)*, die klebrige Inula *(Inula viscosa)*, die stachlige Binse *(Juncus acutus)*, der Brombeerstrauch *(Rubus sanguineus)*, der Oleander *(Nerium oleander)* usw. An den Ufern ganzjährig wasserführender Bäche bestehen die Uferwälder aus Weiden *(Salix)* und morgenländischen Platanen *(Platanus orientalis)*. Besonders auffallend sind die Überreste dichter Wälder aus Pappeln *(Populus euphratica)* und Tamarisken *(Tamarix spp.)* an den Ufern des Jordan.

Strauchwerk

Zwergstrauchwerk *(bathah)*. Die wichtigste Phase in der Wiederentstehung der ursprünglichen Vegetation nach der Zerstörung durch den Menschen ist das Aufkommen einer Zwergstrauchformation. Diese in der Bibel erwähnte *bathah* bedeckt bald wieder entwaldete und verlassene Gebiete. Sie kann unterschiedlich lang ohne eine allmählich wieder entstehende baumähnliche Vegetation existieren, die eine Bodenverbesserung voraussetzt; schließlich wird sie aber von der Macchie oder von Wäldern ersetzt. Da die Waldzerstörung unvermindert fortschreitet, greifen die Zwergsträucher immer mehr um sich, so daß sie schließlich die auffallendste pflanzliche Erscheinungsform im mediterranen Teil Israels darstellen. Der Hauptvertreter mehrerer Pflanzengesellschaften, die die *bathah* bilden, ist der dornige Burnet *(Sarcopoterium spinosum)*. Eine andere Gruppe von Zwergsträuchern, nicht vergesellschaftet mit obigem Burnet, sind eigenständige Gesellschaften. Eine Vielzahl einjähriger Pflanzen mit farbenprächtigen Blüten und viele Gräser blühen während der Regenzeit in diesen Zwergstrauchgesellschaften.

Neben dem typisch mediterranen Zwergstrauchwerk bildet sich an den östlichen und südlichen Grenzen des Mittelmeergebietes eine Art krautiger *bathah,* die recht vielfältig, aber dürftiger ist. Diese Formation hat weniger Sträucher und kann sich nie zu einer Baumvegetation entwickeln. Sie stellt eine Halbsteppengesellschaft dar, in die auch Pflanzen aus der angrenzenden Steppe eingewandert sind.

Sandvegetation. Ein Gürtel mit leichten, überwiegend sandigen Böden ist an der ganzen Küstenebene anzutreffen. In seiner Vegetation dominieren Büsche, perennierende Kräuter und die Bewegung des Sandes unterbindende Gräser wie der Strandhafer *(Ammophila arenaria),* der weiße Ginster *(Retama raetam),* Palästina-Knöterich *(Polygonium palaestinum)* und der Wermut *(Artemisia).* Diese Pflanzen leben zusammen mit anderen einjährigen und perennierenden, die den extremen Bedingungen der Küstenwinde und den Sandbewegungen angepaßt sind . Wenn die Sandbewegungen aufgehört haben und sich der Boden konsolidiert hat, greifen in den mittleren und nördlichen Teilen des Küstenstreifens schließlich Johannisbrotbaum- und Mastixstrauch-Zwergwälder um sich.

Hinter den Dünen erstrecken sich breite Landstriche aus sandigem Ton und Hügel aus kalkigen Sandsteinen, wo Pflanzengesellschaften von Büschen, Zwergbüschen und viele sandliebende Kräuter wachsen. Der sandige Tonboden wird durch eine Gesellschaft des doppeltfiederspaltigen Frühlingsgrases *(Desmostachya bipinnata)* charakterisiert, das aus Dutzenden von einjährigen Arten besteht. Vereinzelt trifft man auch Tabor-Eichenbäume an.

Wüstenvegetation

Die Pflanzendecke der Steppen und Wüsten. Etwa die Hälfte des Landes ist Steppe und Wüste, auf denen sich Waldvegetation nie oder nur unter ganz besonderen Bedingungen behauptet. Sowohl die irano-turanischen wie auch saharaarabischen Teile der Wüste sind hauptsächlich Weideland und erlauben mit Ausnahme von Tälern und Senken in der Nähe von Flußläufen oder in Schwemmlagen sommertrockener Wadis keinen Ackerbau. Unter den extremen klimatischen Bedingungen und auf den schlechten Böden gedeihen nur vereinzelt niedere Büsche, Zwergsträucher und Kräuter in bedrückender Monotonie. Eine auffallende Erscheinung bilden die vielen kleinen Annuellen, die ihre Lebensspanne innerhalb der wenigen Wochen der Regenzeit beenden. Perennierende Pflanzen finden sich nicht so zahlreich und sind meistens mit physiologischen und anatomischen Mechanismen ausgerüstet, um die Dürre des langen Sommers zu überstehen.

Die Steppen und Wüsten des Landes lassen sich nach der Bodenart, von der die Vegetation abhängt, in folgende Typen einteilen:

Steppen auf grauen Böden. Nahe den südlichen und östlichen Rändern des mediterranen Gebietes ziehen sich Flächen aus grauen kalkreichen Böden hin, die keine schädlichen Salze enthalten. Haupterscheinung der Vegetation dieses Gebietes ist der Weiße Wermut *(Artemisia herba-alba),* der hier zusammen mit anderen niederen, meist grauen Zwergbüschen und im Frühling mit vielen Annuellen wächst und mehrere Pflanzengesellschaften bildet. Dieser Vegetationstyp ist charakteristisch für die westlichen Teile der Wüste Juda und den nördlichen und mittleren Negev.

Lößsteppen. Besonders in den Ebenen und Tälern des nördlichen Negev ermöglichen Lößböden eine besondere Segetal-Vegetation – Unkräuter in Feldfrüchten –, in der die Schafgarbe *(Achillea santolina)* dominiert. Inmitten dieser Gesellschaft wachsen viele andere Pflanzen, die sonst nirgends im Land anzutreffen sind. Wo der Löß kein Kulturland ist, beherrscht ein schwärzlichgrüner Zwergstrauch, der schwarze Hammada *(Hammada scoparia),* den größten Teil der Steppe.

Steinwüsten. Der mittlere und südliche Negev besteht größtenteils aus diesem Typ, und die Pflanzenwelt ist extrem mager und hauptsächlich auf Rinnsale und Wadis beschränkt, welche die Ebenen durchziehen. In diesen Gebieten der steinigen Hügel wachsen verstreut Doppelblattsträucher *(Zygophyllum dumosum)* und einige andere Zwergsträucher und Kräuter, oder sie zeigen sich ganz ohne Bewuchs. An den Ufern der trockenen Flußläufe und der Senken wachsen meistens Gesellschaften der gegliederten Anabasis *(Anabasis articulata),* der behaarten Spatzenzunge *(Passerina hirsuta),* des weißen Ginster *(Retama raetam),* Tamarisken *(Tamarix)* und andere Pflanzen. Die trockenen Böden der Hänge in einigen Teilen der Wüste Juda und an anderen Stellen haben einen hohen Gehalt an Gips und anderen Salzen; sie sind mager und nur vereinzelt bewachsen. Die Hauptpflanzen sind succulente Zwergbüsche wie die Wüstensalzmelde *(Suaeda asphaltica), Chenolea, Reaumuria* und die blaugrüne Melde *(Atriplex glauca).*

Sandwüsten. Der Sanddünengürtel des westlichen Negev schließt an den des Mittelmeergebietes an, doch ist aufgrund der geringen Nie-

Eine der vielen Oasen, die das Wüstengebiet des Jordan und das Aravah-Tal unterbrechen. Diese wilde Oase mit Dattelpalmen und Tamarisken ist Teil der Mündung eines salzhaltigen Flusses.

derschläge der Bewuchs geringer. Nebem dem einsamigen Wermut *(Artemisia monosperma)* und weißen Ginster wachsen perennierende Gräser wie das Besenfiedergras *(Stipagrostis scoparia)*, das Fiederborstengras *(Pennisetum divisum)* und die Hartthirse *(Panicum turgidum)* in dichten Büscheln. Im westlichen Negev ist der Löß von einer Sandschicht bedeckt, die nicht nur die Bodenqualität verbessert, sondern auch mehr Feuchtigkeit zurückhält, so daß die Stärke des Bewuchses dementsprechend zunimmt und sich in seiner Zusammensetzung erheblich von dem der Dünen unterscheidet. Im Aravah-Tal besteht die Vegetation der Dünen (die überwiegend von verwittertem nubischem Sandstein herrühren) aus kleinen Bäumen wie dem Saxaulstrauch *(Haloxylon persicum)*, der weißen Hammada *(Hammada salicornica)*, dem schopfigen Hahnenkopf *(Caligonum comosum)* und dem weißen Ginster *(Retama raetam)*.

Salzböden. Obwohl auch im Küstengebiet salzige Böden vorkommen, sind sie doch eher für die Wüste charakteristisch. Man findet sie hauptsächlich im Aravah-Tal und im unteren Jordan-Tal. Der Grund für ihre Existenz sind abflußlose Becken, hohe Grundwasserspiegel und salzhaltige Quellen. Zu den wichtigsten Pflanzen des Aravah-Salzgebietes sind viele Arten von Tamarisken, die strauchige Salzmelde *(Suaeda fruticosa)*, *Arthrocnemum* und das Salzkraut *(Salsola)* zu rechnen. In den Überflutungsgebieten nördlich und südlich des Toten Meeres weist ein großer, ziemlich dichter Tamariskenwald die Salzgebiete aus.

Die tropische Vegetation des Aravah- und Jordan-Tales. Die Kette von Oasen, die die Wüstengebiete des Jordan- und Aravah-Tales durchziehen, beherbergt etwa ein Dutzend tropischer Baumarten, die sich auf die Mündungen der Zuflüsse dieser Täler beschränken, weil sie hohe Temperaturen und viel Feuchtigkeit benötigen. Zu diesen Pflanzen gehören die Akazie *(Acacia)*, der Banbaum *(Moringa)*, der Zahnbürstenbaum *(Salvadora persica)* und der Jerichobalsam-Baum *(Balanites aegyptica)*. Außer diesen wachsen viele tropische Annuelle und Perennierende in den Wadis, in Felsspalten und an anderen Plätzen. Dazu gehören Arten von Lavendel *(Lavendula)*, von Cassia *(Cassia)*, der Klapperhülse *(Crotolaria)*, des Klobgrases *(Cenchrus)*, des Ingwergrases *(Cymbopogon)*, des Eibisch *(Hibiscus)* u. a.

6 Landwirtschaft in biblischer Zeit

Bearbeitetes Land

Der Eingriff des Menschen in die Natur ist so alt wie der Mensch selbst. Seit gut einer halben Million Jahre ist der Mensch im Nahen Osten nachweisbar. Innerhalb dieses riesigen Zeitraumes mußte er durch den Bedarf an Pflanzen für seinen täglichen Lebensunterhalt die örtliche Vegetation und ihre Zusammensetzung beeinflussen oder verändern.

Etwa 8000–10000 Jahre sind seit der Seßhaftwerdung des Menschen vergangen. Diese Zeitspanne hat ausgereicht, um in vielen Gebieten, die sich zum Ackerbau eigneten, die ursprüngliche Vegetation erkennbar zu verändern. Die großen fruchtbaren Ebenen und auch kleinere Gebiete in Bergtälern waren zuerst nachhaltig davon betroffen. Auch die Gebiete, wo Ackerbau nicht möglich war, erlitten durch den Menschen und seine Tiere, durch anhaltendes Abernten, durch Beweiden und Abbrennen starke Schäden. Auch die gegenwärtige Wüstenvegetation ist nicht in ihrer ursprünglichen Zusammensetzung erhalten geblieben, da auch sie ausgebeutet wurde. Gedankenloses Abholzen der Berghänge und wolkenbruchartige Regenfälle haben an vielen Stellen den Boden weggeschwemmt, so daß oft nur noch der blanke Fels übrigblieb.

Trotzdem haben alle diese Eingriffe die grundlegende Zusammensetzung der primären Flora nicht ganz verändern können. Waldreste und erhalten gebliebene Pflanzengesellschaften weisen hie und da noch auf die ursprüngliche Pflanzendecke hin. Vieles wurde auch von der einheimischen Bevölkerung geschützt, die seit Urzeiten Bäume verehrte und viele ihrer Toten in den Wäldern oder unter majestätischen Bäumen begrub. Vereinzelt findet man geheiligte Bäume oder Baumgruppen, deren Äste mit Stoffetzen pilgernder Araber behängt sind. Sie zeigen dem Botaniker die ursprüngliche Art der Vegetation in Gegenden, die heute völlig baumlos sind.

Hunderte wilder Pflanzen lieferten dem Menschen viele Jahrtausende lang Nahrung, ehe der Ackerbau seine Anfänge nahm. Dieses Land ist sicher zu den Ländern zu zählen, die an der Domestizierung von Tieren und Pflanzen teilhatte. In Jericho, auf dem Karmel und an anderen Stellen wurden bei Ausgrabungen Überreste aus dem 7. Jahrtausend v. Chr. gefunden, die auf Ackerbau hindeuten. Dies zeigt, daß in biblischer Zeit eine ganze Reihe von Pflanzen im Nahen Osten bereits angebaut wurde. Hinzu kommt, daß Israel und seine Nachbarländer eine Heimstatt vieler Kulturpflanzen sind. So wachsen hier z. B. noch Wildformen von Brotgetreide, Hülsenfrüchten und Obstbäumen, welche die Geschichte des Menschen und seine Kultur stark beeinflußt haben. Die Dattelpalme und der Ölbaum sind hier seit 4000 v. Chr. bekannt. Zur Zeit des Auszugs aus Ägyten war Kanaan ein reiches Ackerbaugebiet, das nicht nur mit den biblischen »sieben Arten« gesegnet war, sondern mit vielen anderen Pflanzen, die in der Bibel genannt sind oder auch nicht.

Landwirtschaft in biblischer Zeit

Kaum ein anderes Buch aus der Vergangenheit beschreibt ein so reiches und lebendiges Bild der Landwirtschaft wie die Bibel. Neben vielen Riten, sozialen und landwirtschaftlichen Gesetzen, die an sich von einem hohen kulturellen Niveau sprechen, gab es eine Reihe von Volksbräuchen, die mit der Landwirtschaft als der zentralen und täglichen Beschäftigung des Menschen in Verbindung standen. Die soziale Struktur, der Lebensunterhalt und das häusliche Leben einer israelischen Familie von damals wurden fast ausschließlich von der Landwirtschaft bestimmt, deren verschiedene Tätigkeiten die Bibel oft erwähnt. So gibt es zahlreiche Verse und Abschnitte mit Begriffen wie Wurzel, Frucht, Same, Ernte, Blüte usw., die auf diese Weise zu anschaulichen Bildworten geworden sind: Psalm 92,8; Sprüche 22,8; 31,16; Jeremia

Karte 4
Landwirtschaftlich kultivierte Gebiete des biblischen Israel
(unvollständige Angaben)
Tyrus
Libanon
Dan
Aram – Damaskus (Syrien)
Hule-See
Golan
Baschan
Akko
(Galiläa)
See Gennesaret
Dor
Megiddo
(Tiberias)
Gilead
Bet-Schean
(Cäsarea)
Jordan
Ebene Scharon
Israel
Sichem
Ammon
(Samarien)
Mittelmeer
Joppe
Rabbat – Ammon
Jericho
Jerusalem
Aschdod
Aschkelon
Philister-Ebene
Juda
Moab
Hebron
Azza (Gaza)
Salzmeer (Totes Meer)
En-Gedi
(Idumäa)
Beerscheba
Sodom
Negev
Aravah-Tal
Kadesch – Barnea
Wald (natürliche Vegetation)
Weizen
Gerste
Wein
Oliven
Granatäpfel
Feigen
Dattelpalmen
Johannisbrotbäume
Balsamsträucher
Papyrusstauden
Maulbeerbäume
Akazien u. Wüstenvegetation (natürliche Vegetation)
© Shapiro/Sadan
Ezjon – Geber
In Klammern gesetzt sind die ab der Hellenistischen Periode (323 v. Chr.) verwendeten Namen.

»Du sollst nicht Rind und Esel zusammen an den Pflug spannen« (5. Mose 22,10).

Im traditionellen Ackerbau Judäas und Samariens wird heute noch dieselbe alte Methode angewendet wie in den frühen Tagen Israels: ein Ochsenpaar zieht einen Holzpflug mit einer Schar aus Metall; das Saatgut wird mit der Hand ausgeworfen und mit einer Sichel geschnitten; gedroschen wird das Getreide mit einem Dreschschlitten, der über die ausgebreiteten Garben gezogen wird, und dann mit einer Heugabel geworfelt.

Ein steinerner Wachturm in den Obstgärten der judäischen Berge. Obst- und Gemüsegärten wurden in den terrassierten Hängen angelegt. Die alten Hebräer entwickelten eine Terrassenkultur von hohem Niveau, indem sie die Technik der Urbarmachung des bergigen Geländes ständig verbesserten (oben rechts).

»...da sie in Betlehem ankamen, begann gerade die Gerstenernte« (Rut 1,22).

»Siehe, er worfelt heute nacht die Gerste auf der Tenne« (Rut 3,2).

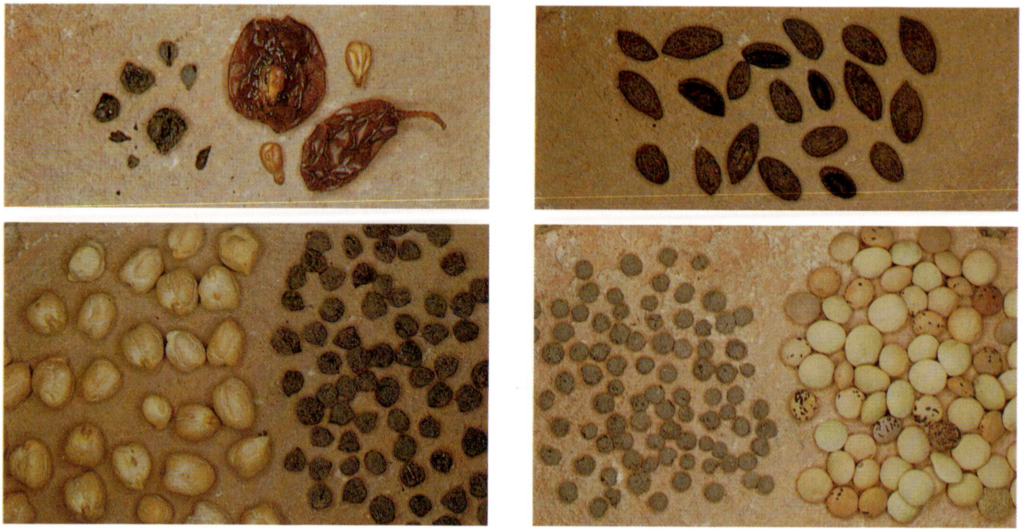

Bei Ausgrabungen entdeckte versteinerte Überreste von Früchten: Rosinen – Arad, Bronzezeit (oben links); Oliven – Golan-Höhen, Jungsteinzeit (oben rechts); Kichererbse – Arad, Bronzezeit (unten links); Linsen – Arad, Bronzezeit (unten rechts).

Körner einfacher Getreidearten fast wie in biblischer Zeit sind im Heiligen Land auf manchen Feldern auch heute noch zu finden. Im Gegensatz zu den heutigen Getreidesorten verlieren sie auch beim Dreschen ihre Spelzen nicht. Von links nach rechts: Reife Körner von Gerste, Emmer und Einkorn.

22,31; Ezechiel 34,31; Hosea 8,7; 10,1; Amos 6,12.

Das kultivierte Land in den ersten nachbiblischen Jahrhunderten unterschied sich wenig von dem der biblischen Periode. Eine Hauptquelle mit vielen Informationen hierzu stellen einige Traktate des Talmud dar, besonders der Traktat *Zeraim*, dessen Erörterung landwirtschaftlicher Gesetze und Bräuche die unterschiedlichen Bearbeitungs- und Behandlungsmethoden von damals zu entnehmen sind.

Das Niveau der Landwirtschaft in biblischer Zeit scheint recht hoch gewesen zu sein, was aus dem reichen Wortschatz zur Bezeichnung von Kulturflächen hervorgeht: *kerem* (Weinberg, Olivenhain), *gan* (Garten), *ginah* (Gemüsegarten), *pardes* und *mata* (Obstgarten), *mikshah* (Kürbisfeld), *sadeh, shdemah* (Feld), *nir* (bebaubares Land) und andere. Noch auffallender sind die vielen botanischen Begriffe für die einzelnen Pflanzenteile und die deutlichen Unterscheidungen, die zwischen den verschiedenen Arten von Stengeln, Zweigen, Blüten und Früchten vorgenommen werden.

Der Ackerbau beruhte auf den Regenfeldern, d. h. der Regen, der im Winter fiel, versorgte nicht nur die Winterfrucht, sondern auch die des Sommers. Wo kein Regen fiel, muß es auch eine Art Bewässerungslandbau gegeben haben: »Da erhob Lot seine Augen und sah, daß die ganze Jordanaue ein wasserreiches Land war... wie der Garten des Herrn, wie das Land Ägypten« (1. Mose 13,10). Die Erträge waren nicht hoch, aber sie reichten aus, um den täglichen Bedarf zu decken, besonders weil die nicht bestellbaren Berghänge genügend Futter für das Vieh lieferten. Regenfeldbau mit zwei Erntezeiten war jahrhundertelang in den meisten Mittelmeerländern die gängige Art von Landwirtschaft, und sie wird in den arabischen Dörfern in Israel noch immer praktiziert. Nach der Rückkehr aus dem Exil (597–515 v. Chr.) blühte in Judäa und Galiläa die Landwirtschaft wieder auf, Obstgärten, Weinberge und Kornfelder drangen in neue Gebiete vor. Der vielbegehrte Balsambaum, der in En-Gedi und Jericho wuchs, wurde in viele Länder exportiert.

Die angebauten Pflanzenarten waren im Land selbst oder in den Nachbarländern domestiziert worden – wie der Weizen, die Gerste, die Linse, die Erbse, die Feige, die Olive, der Johannisbrotbaum, die Dattelpalme, die Sykomor-Feige –, andere Pflanzenarten stammten aus ziemlich entlegenen Ländern, so z. B. der Granatapfel, die Walnuß, die Weinrebe, der Apfel, die Maulbeere und die Pistazie. Eine ganze Reihe von Pflanzen wurden nie im Land selbst angebaut, sondern als Heilmittel oder Gewürze eingeführt, z. B. Narde, Myrrhe, Galbanum, Zimt, Sandelholz u. a.

Feldfrüchte waren die Wintergetreidearten, hauptsächlich Weizen (Emmer und Einkorn) in den feuchteren Gebieten und Gerste in den semiariden Teilen des Landes und in den Zulauftälern der Wüste. Von den Sommergetreiden ist in der Bibel nur eine Art ganannt – *dohan* – wahrscheinlich eine Sorghumart, die selbst in den Bergen ohne Bewässerung gut gedeiht. Während Weizen und Gerste aus dem Land selbst stammen, wurde Sorghum zusammen mit Melonen aus Ägypten eingeführt. Die Übersetzung von *dohan* mit »Hirse« ist wenig überzeugend. Getreidefelder auf Terrassen an den Berghängen und in den Gebirgstälern waren damals wie heute die besonderen Merkmale des bebauten Landes. Ein Teil der Terrassen wurde später von den Wüstennomaden zerstört und die natürliche Flora außer einigen Bäumen und Sträuchern, die man zur Sicherung der steinernen Terrassenwälle stehen ließ, vollständig ausgerottet.

Gärten und Obstanlagen. Nächstwichtig nach dem Getreide waren die Hülsenfrüchte, die häufig als Ackerfrucht angebaut wurden, aber auch in den Gärten bei den Häusern zu finden waren. Die Bibel nennt Linsen, Puffbohnen und Kichererbsen. Daneben dürften auch die bittere Wicke und die Gartenerbse angebaut worden sein.

Gemüse wuchs in den kleinen Hausgärten mit oder ohne Bewässerung. Dazu gehörten einige Zwiebelarten sowie Koriander, Kreuzkümmel, Schwarzkümmel, aber auch Gewürze wie Dill und eine Art Minze (siehe Matthäus 23,23).

Wurzelgemüse wie Steck- und Kohlrüben oder Kohl fehlten dagegen. Es ist möglich, daß vielleicht Karotten angepflanzt wurden, da das im Arabischen erhalten gebliebene Wort *jizer* (gelbe Rübe) an das bekannte biblische Geser erinnert. Wurzeln und Küchenkräuter wurden – wie heute noch – von den Bäuerinnen für den Hausgebrauch und den Markt gesammelt. Viele eßbare wilde Kräuter wachsen noch wie zu Urzeiten; das unablässige Pflücken und Sammeln hat das Wachstum nicht beeinträchtigen können.

Kennzeichen des kultivierten Landes waren vor allem seine Obstgärten. Jede Obstbaumart – ob Dattelpalme, Olive, Feige, Walnuß, Mandel, Granatapfel oder Sycamor-Feige – gab und gibt dem Land durch ihre besondere Form und Farbe sein Gepräge.

7 Der Handel: Die alten Handelswege

Das alte Israel mit seinen Häfen an zwei Meeren, dem Mittelmeer und dem Roten Meer, und seinen beiden Hauptrouten, die es der Länge nach durchzogen, war ein Knotenpunkt des internationalen Handels. Es verband Nord und Süd und Ost und war das Tor zu den großen Königreichen des Orients.

Berühmt waren die »Via Maris«, die »Straße des Meeres«, die an der Küste entlangführte, und die »Königstraße«, die transjordanisches Gebiet durchzog. Diese Transportwege erstreckten sich bis nach Assyrien im Norden, nach Mesopotamien im Osten, nach Saba im südlichen Arabien und bis nach Ofir in Ostafrika.

Außenhandel über große Entfernungen war in biblischer Zeit ein Monopol der Könige. Die Handelswege waren durch königliche Festungen geschützt. König David gründete die erste Handelsverbindung mit Tyrus, das zu jener Zeit eine große Seemacht war. Der Reichtum Israels unter König Salomo war in erster Linie auf die Kontrolle der Haupthandelsrouten zwischen Ägypten, Mesopotamien und Assyrien, der Karawanenwege von der Oase Tadmor nach Südarabien und der Inlandverbindung zwischen Mittelmeer und Rotem Meer zurückzuführen.

Die blühenden Handelsbeziehungen zwischen Salomo und Hiram von Tyrus waren wesentlich davon bestimmt, daß Israel an Tyrus Weizen und Öl lieferte und dafür Zedern- und Zypressenholz, Gold, Messing und Eisen, daneben auch erprobte Seeleute für seine Flotte erhielt. Die Handelsbeziehungen zwischen König Salomo und König Hiram, der Königin von Saba, dem König der Hetiter, den Königen von Ägypten und anderen benachbarten Ländern werden in 1. Könige 9 ausführlich beschrieben. Nach Salomo versuchten andere Könige Judas und Israels diese Verbindungen aufrechtzuerhalten.

Die Hauptexportgüter des Landes – Getreide, Olivenöl, Wein, Honig, Gewürze und Holzwaren –, von denen ein Teil für Ägypten bestimmt war, wurden über die belebten internationalen Handelsrouten verschifft. Luxusartikel wie Edelsteine, Arzneien, Kupfer, Eisen, Blei und Gold, Elfenbein, Weihrauch und andere Duftstoffe wurden eingeführt.

Der Seehandel lag in den Händen der Küstenländer Nordafrikas und Kleinasiens. Die Seewege selbst wurden zuerst von den Kanaanitern, später von den Phöniziern, mit denen Israel gute Handelsbeziehungen pflegte, genutzt. Wichtig waren auch die Handelswege, die durch das Rote Meer und weiter östlich nach Südindien führten, das damals ein großes Handelszentrum war und wo die westlichen Handelsrouten mit den fernöstlichen zusammenliefen.

Von den Handelswegen aus dem südlichen Arabien haben Forscher von Zeit und Umwelt des Alten Orients wie Thomas (1932), Bowen-Albright (1958) und van Beek (1960) eine Route, die sogenannte *Gewürzstraße*, ausführlich beschrieben. Auf ihr wurden wertvolle Arzneien, sämtliche Arten von Weihrauch, Balsam, Myrrhe und andere Gewürze mit Kamelkarawanen nach Israel gebracht und von dort weiter in die Handelszentren Ägyptens und des Fruchtbaren Halbmondes.

Auf einer anderen Strecke, die von Elam (Babylon) über Tadmor nach Damaskus und Gilead führte, scheinen andere Güter, aber auch Nüsse und Tragant transportiert worden zu sein: »Dann setzten sie sich nieder, um zu essen. Als sie nun ihre Augen erhoben, sahen sie eine Karawane von Ismaeliten daherkommen, aus Gilead, die ihre Kamele mit Gummi, Balsam und Harz beladen hatten und damit nach Ägypten hinab unterwegs waren« (1. Mose 37,25).

Der Innenhandel war auf landwirtschaftliche Erzeugnisse und im Land hergestellte häusliche Gebrauchsgegenstände beschränkt, die auf den Inlandsrouten mit Kamelen und Eseln transportiert wurden. Die Märkte lagen meistens bei den Stadttoren, und die Waren wurden vermutlich auf Ständen angeboten, wie man sie heute noch in orientalischen Bazaren antrifft.

Karte 5
Handelsstraßen im biblischen Land
Straße des Meeres
(Via Maris)
Königstraße
Libanon
Tyrus
Straße des Meeres (Via Maris)
Königstraße
Dan
Hule-See
Golan
Baschan
Akko
(Galiläa)
See Gennesaret
(Tiberias)
Dor
Megiddo
Gilead
(Cäsarea)
Bet-Schean
Ebene Scharon
Israel
Jordan
Sichem
Ammon
(Samarien)
Mittelmeer
Rabbat-Ammon
Joppe
Nach Osten
Jericho
Jerusalem
Aschdod
Philister-Ebene
Aschkelon
Juda
Moab
Salzmeer (Totes Meer)
Azza (Gaza)
Hebron
En-Gedi
(Judäa)
Königstraße
Straße des Meeres (Via Maris)
Beerscheba
(Idumäa)
Nach Ägypten
Sodom
Negev
Aravah-Tal
Assyrien
Babylonien
Ägypten
Gewürzstraße
Arabien
Saba
Ofir
Königstraße
Ezjon-Geber
Elat
Nach Arabien
In Klammern gesetzt sind die ab der Hellenistischen Periode (323 v. Chr.) verwendeten Namen.
© Shapiro/Sadan

Pflanzenmotive auf Münzen. Links: Drei Gerstenähren symbolisieren die Fruchtbarkeit des Landes auf einer Bronzemünze. Sie wurde unter Agrippa I. (42 n. Chr.) in Jerusalem geprägt. Rechts: Die Dattelpalme galt als das unverkennbare Symbol Israels. Dies führte die Römer dazu, nach der Unterwerfung des Landes einige Bronzemünzen mit einer trauernden Frau unter einer Dattelpalme herauszugeben als Sinnbild für den unterlegenen jüdischen Staat und mit der Inschrift JUDAEA CAPTA (Judäa in Gefangenschaft). Die Münze wurde unter Kaiser Vespasian (71 n. Chr.) nach der Zerstörung des Zweiten Tempels geprägt.

Mit der Domestizierung des Kamels (etwa im 13. Jh. v. Chr.) stand ein äußerst nützliches Reise- und Transportmittel für weite Strecken zur Verfügung. Als ausdauerndes und für Wüsten- oder Sandgebiete besonders geeignetes Tier paßt sich das Kamel selbst extremen Bedingungen leicht an und erhielt so seinen Namen »Wüstenschiff«. Kamelkarawanen spielten eine bedeutende Rolle bei der Einfuhr von Duftstoffen, Balsam und Gewürzen aus dem südlichen Arabien. Sie trugen zur Ausweitung des Handels zwischen den Reichen des Fruchtbaren Halbmondes bei, vor allem auch zu den Reich- und Besitztümern des biblischen Ofir und Saba.

8 Die Bedeutung der Pflanzen im religiösen Leben

Kaum ein anderes Volk des Altertums hat so viele Pflanzen in sein religiöses Leben einbezogen wie die Hebräer in biblischer Zeit. Die Bibel weist eine Vielzahl von Riten, Festen, Geboten und Vorschriften auf, die es mit Pflanzen und deren Anbau und Pflege zu tun haben. Viele Abschnitte deuten darauf hin, daß Bäume und Waldstücke als heilige Stätten galten (z. B. 5. Mose 12,2; 16,21; 2. Könige 16,4; 17,10).
Der erste Hinweis auf Pflanzen als Teile der Schöpfung Gottes ist im ersten Kapitel des ersten Buches der Bibel zu lesen: »Und Gott sprach: Die Erde lasse sprossen junges Grün: Kraut, das Samen trägt, und Fruchtbäume, die nach ihrer Art Früchte tragen auf der Erde, in denen ihr Same ist« (1. Mose 1,11).
Große alte Bäume wurden angebetet und verehrt. Sie galten als Symbole göttlicher Kraft und Macht. Das hebräische *allon* (Eiche) und *elah* (Terebinthe) sind identisch oder verwandt mit den Wörtern für »Gott« und »Göttin« und wahrscheinlich auch die Quelle der nachbiblischen Sammelbezeichnung *ilan* für »Baum«.
Das vielleicht beste Beispiel dafür, wie Pflanzen mit Heiligkeit oder heiligen Vorgängen in Beziehung gebracht sind, ist die Geschichte vom »Brennenden Dornbusch« (2. Mose 3,2–6). Vgl. »Sennabusch«.
Die Weisen der Städte erledigten ihre Aufgaben im Schatten der Bäume, man saß dort zu Gericht (Richter 6,11; 1. Könige 13,14), auch die Thronerhebung der Könige fand hier statt. Später dienten Bäume (in der Wüste waren es Sträucher) als Grabstätten großer und verdienter Männer (1. Chronik 10,12). Einige Gemeinschaften versammeln sich heute noch bei heiligen Bäumen zu Andacht und Gebet.
Die Verbindung mit der Pflanzenwelt fand ihren stärksten Ausdruck in der zeitlichen Festlegung der drei großen Feste, die sich an bestimmten Ereignissen im Ablauf des landwirtschaftlichen Lebens orientieren. Das Passafest *(Pesaḥ)* liegt im Frühling, wenn die Gerste zu reifen beginnt und die ersten Garben *(omer)* als Opfer dargebracht werden sollen (3. Mose 23,10).
Pfingsten *(Shavuot)*, das »Erntefest«, wird am Sommeranfang zur Zeit der Weizenernte gefeiert. An ihm sind die Erstlinge aller Früchte *(bikurim)* Gott zu opfern (5. Mose 26,2).
Das dritte Fest, das Laubhüttenfest *(Sukkot)*, wird im Herbst begangen beim Einbringen der Ernte und wenn der jahreszeitliche Kreis von Saat und Ernte sich schließt (2. Mose 34,22). Es ist vorgeschrieben, »vier Pflanzenarten« zu sammeln, die Gott zum Zeichen des Dankes für die Fruchtbarkeit des Landes dargebracht werden: »Und ihr sollt euch am ersten Tag Früchte von schönen Bäumen, Palmzweige und Äste von dichtbelaubten Bäumen und von Bachweiden holen und sieben Tage lang fröhlich sein vor dem Herrn, eurem Gott« (3. Mose 23,40).
Viele religiöse Gesetze hatten die Landwirtschaft und ihre Erzeugnisse zum Inhalt. So mußten während der Erntezeit umgefallene Garben für die Armen auf dem Felde zurückgelassen werden. Auch durfte man die Eckteile der Felder aus dem gleichen Grund nicht mähen. Vom Korn, dem Obst und dem ganzen Ertrag des Landes mußte der zehnte Teil als Unterhalt für die Priesterschaft im Tempel entrichtet werden. Aus diesem Opfer für die Priester und ihre Haushalte entwickelte sich später eine Zwangsabgabe für die Armen. Andere, mehr ökologische Vorschriften verboten die Ernte von Früchten innerhalb der ersten drei Jahre nach der Anpflanzung und die Kreuzung verschiedener Arten. Auch wurde alle sieben Jahre das *Shmittah*, ein Sabbatjahr, festgelegt, in dem der Anbau verboten war, damit der natürliche Ertrag jedem zur Verfügung stand und sich das Land erholen konnte.
Eine bedeutende religiöse Rolle spielten auch die Räucherstoffe, die aus teuren Harzen, Balsam und anderen von Bäumen und Sträuchern stammenden Stoffen hergestellt wurden und meistens aus fernen Ländern ins Land kamen.

Eine Palmsonntagsprozession in Jerusalem. Sie geht zurück auf die alte Überlieferung der Begrüßung Jesu durch die Bevölkerung bei seinem Einzug in die Stadt: »Sie nahmen Palmzweige und zogen hinaus, ihm entgegen, und riefen: Hosianna! Gepriesen sei, der da kommt im Namen des Herrn und der der König Israels ist!« (Johannes 12,13).

Das Laubhüttenfest ist Ausdruck des Dankes an Gott für die Früchte und Erträge der Erde. Den Israeliten war geboten »vier Pflanzenarten« darzubringen: »Und ihr sollt euch am ersten Tage Früchte von schönen Bäumen, Palmzweige und Äste von dichtbelaubten Bäumen und von Bachweiden holen und sieben Tage lang fröhlich sein vor dem Herrn, eurem Gott« (3. Mose 23,40). Das Bild zeigt eine feiernde Gruppe an der westlichen Stadtmauer in Jerusalem. Die Zweige der »vier Pflanzenarten« stecken in Körbchen aus geflochtenen Palmblättern und werden beim Gebet hochgehalten (rechts).

Große und alte Bäume wurden als Symbole göttlicher Kraft verherrlicht und verehrt. In ihrem Schatten befanden sich häufig auch die Grabstätten großer und verdienter Gestalten. Einige Gemeinschaften versammeln sich heute noch zu Andacht und Gebet an heiligen Bäumen. Die an dem Baum hängenden Tücher sind Zeichen der Huldigung an einen verehrten Beduinen (unten rechts).

9 Pflanzenwelt und Kunst

Zahllose Anspielungen, Gleichnis- und Bildworte in der Bibel zeugen davon, welchen Rang die Pflanzen im Alltag des Volkes Israel einnahmen und wie eng der Mensch mit der Natur verbunden war.
Besonders ausdrucksvoll findet dies seinen Niederschlag in der weisen Parabel Jothams: »Da sprachen alle Bäume zum Dornbusch: So komm du und sei unser König! Und der Dornbusch sprach zu den Bäumen: Wollt ihr in Wahrheit mich salben, daß ich König über euch sei, so kommt und bergt euch in meinem Schatten! Wo nicht, so wird Feuer ausgehen vom Dornbusch und verzehren die Zedern des Libanon« (Richter 9,14–15).
Ähnlich eindrucksvoll ist das Weinberglied in Jesaja 5,1–2: »Singen will ich von meinem Freunde, das Lied meines Freundes von seinem Weinberg! Mein Freund hatte einen Weinberg auf fetter Bergeshöhe. Den grub er um und säuberte ihn von Steinen und bepflanzte ihn mit edlen Reben. Er baute einen Turm in seiner Mitte, auch eine Kelter hieb er darin aus. Und er hoffte, daß er edle Trauben brächte, doch er brachte herbe Frucht.«
Das Hohelied Salomos schließlich, das erst nach langem Streit in den biblischen Kanon aufgenommen wurde, verweist deutlich auf eine breite Substanz außerbiblischer Volks-, Liebes- und Hochzeitslieder, in die auch die Pflanzenwelt aufgenommen ist und die im Alltagsleben gesungen oder erzählt wurden. Das Buch enthält eine Reihe von Gesprächsfragmenten zwischen einem Liebespaar, wahrscheinlich einem Schäfer- und einer Schäferin oder einem Prinzen und einer Prinzessin. Es ist bestimmt von überschäumendem Gefühl und preist den Duft und die Schönheit der bezaubernden Lilien, Rosen, Balsame und Parfüms.
Zahlreiche hebräische Eigennamen stammen aus der Pflanzenwelt, z. B. *Elah* (Pistazie), *Allon* (Eiche), *Assa* und *Hadassah* (Myrte), *Oren* (Lorbeer), *Bosmath* (Balsam), *Dilan* (Kürbis), *Diklah* (Palme), *Tamar* (Dattelpalme). Städte und Gebiete wurden nach Bäumen, Büschen und Pflanzenteilen benannt.
Bäume und Früchte boten sich als Symbole für Schönheit und Reichtum an, so Psalm 92,13: »Der Gerechte sproßt wie der Palmbaum, wächst hoch wie die Zeder auf dem Libanon.«
Frieden und Wohlergehen fanden Ausdruck in der Beschreibung malerisch-friedlicher Szenen, wie in Micha 4,4: »Sie werden ein jeder unter seinem Weinstock und unter seinem Feigenstrauch sitzen, ohne daß einer sie aufschreckt.«
Der Leuchter in der Stiftshütte hatte in den frühen Tagen Israels sechs Arme, die Blumen nachgebildet waren, und die Priestergewänder zeigten am Saum das Muster von Granatäpfeln. Im Tempel selbst hatte der Leuchter die Form eines Baumes mit einem Stamm und Ästen, die Knospen und Blüten trugen und mit Mandeln verziert waren. Im Tempelhof standen Bäume (Psalm 92,14), und sämtliche Möbel, Ornamente und sonstigen Verzierungen im Salomonischen Tempel waren aus kostbarem Holz gefertigt. In der Säulenhalle des Zweiten Tempels stand ein Weinstock aus Gold, dessen Trauben die Größe eines Menschen hatte. In den Synagogen der ersten nachchristlichen Jahrhunderte fand man Motive von Pflanzen, Blättern, Blüten und Früchten, mit denen Friese, Stürze, Säulen und Mosaikböden verziert waren. Dekors mit Pflanzenmotiven wie Olivenzweige, Weintrauben, Feigen, Granatäpfel und Palmen fand man auf Urnen und Sarkophagen aus früher vor- und nachchristlicher Zeit.
Die Verwendung pflanzlicher Motive beschränkte sich jedoch nicht nur auf den rituellen oder religiösen Bereich. Man entdeckte sie auch als Schmuck auf den Böden und Kacheln in königlichen Palästen und in den Häusern der Reichen. Auch drangen sie in die Welt des Handels ein. Münzen aus dem ersten nachchristlichen Jahrhundert zeigen die Bilder von Ähren, Granatäpfeln, Palmen und Trauben.

Motive aus der Pflanzenwelt wurden oft zur Verzierung von Gegenständen des täglichen Lebens verwendet. Diese tönerne Öllampe aus einer Grabstätte südlich von Jerusalem (ca. 70–135 n. Chr.) zeigt in symmetrischer Anordnung Weintrauben und Blätter. Die beiden Zweige am Lampengriff stellen Palmzweige dar (links).

Ein seltenes, gut erhaltenes Fragment eines Freskos, auf dem Granatäpfel mit Blattwerk zu erkennen sind. Es wurde mit anderen Teilstücken bei Ausgrabungen im oberen Stadtteil Jerusalems gefunden (Herodianische Periode, 1. Jh. v. Chr.). Auffallend an diesem Bruchstück ist die Wahl eines Motivs aus der Pflanzenwelt, das in besonders lebendigen Farben wiedergegeben ist (rechts).

Die Überreste von Steinreliefs, die in der Synagoge von Kafarnaum – einer der besonders reich geschmückten Synagogen Galiläas – gefunden wurden, zeigen u. a. zahlreiche Motive aus der Pflanzenwelt: Trauben, Feigen, Granatäpfel, Palmzweige und Datteln, Blumen, Ranken, Girlanden und Zweige. Einer dieser Friese hat als Verzierung Akantusblätter und verschiedene Blütenformen. Besonders auffallend ist die immer wiederkehrende Rosette mit sechs Blütenblättern (2. Jh. n. Chr.).

Teil II

Die Pflanzen der Bibel

1 Obstbäume

Obst und Getreide waren die landwirtschaftlichen Hauptprodukte in biblischer Zeit. Beide galten vielfach als Ausdruck des Segens Gottes: »So werde ich euch Regen geben zu seiner Zeit, daß das Land seinen Ertrag gibt und die Bäume auf dem Feld ihre Früchte tragen« (3. Mose 26,4).
Früchte waren besonders wichtig, da man sie in Zeiten des Überschusses lagern konnte, um in Zeiten der Not keinen Hunger leiden zu müssen. Feigen, Datteln und Trauben konnten getrocknet, Oliven eingelegt werden. Die Verwendung der Veredelungsprodukte der Früchte wie Wein aus Trauben und Granatäpfeln oder Honig aus Datteln, Feigen und Trauben war weit verbreitet. Kuchen aus getrockneten Feigen schätzte man sehr. Auch Pistazien und Mandeln waren auf den Märkten zu finden.

Gedichte und Lieder feiern die Bäume und ihre Früchte, die als Symbole von Reichtum und Frieden galten. In der Dattelpalme sah man ein so bedeutsames Symbol Israels, daß die Römer nach der Eroberung des Landes Münzen herausgaben, die eine trauernde Frau unter einer Palme zeigten: Judäa capta (Judäa in Gefangenschaft). Es verwundert deshalb nicht, daß es verboten war, Obstbäume zu fällen: »Wenn du lange Zeit vor einer Stadt liegst, indem du wider sie Krieg führst, um sie einzunehmen, so sollst du ihre Bäume nicht verderben, indem du die Axt wider sie schwingst; du magst davon essen, sie selber aber sollst du nicht umhauen« (5. Mose 20,19).

Weinrebe

Vitis vinifera L.

Denn der Herr, dein Gott, bringt dich in ein schönes Land, ein Land mit Wasserbächen, Quellen, Fluten, die in den Tälern und an den Bergen hervorströmen, ein Land mit Weizen, Gerste, *Reben,* mit Feigen- und Granatbäumen, ein Land mit Ölbäumen und Honig.

5. Mose 8,7–8

Siehe, es kommen Tage, spricht der Herr, da rückt der Pflüger an den Schnitter und der *Trauben*kelterer an den Sämann; da triefen die Berge von *Wein,* und alle Hügel fließen.

Amos 9,13

Ich bin der wahre *Weinstock;* und mein Vater ist der Weingärtner. Jedes Schoß an mir, das nicht Frucht trägt, das nimmt er weg, und jedes, das Frucht trägt, das reinigt er, damit es mehr Frucht trage.

Johannes 15,1–2

Von den ersten Anfängen in der Geschichte der Menschheit an wurden in der Welt des Alten Testaments Reben angebaut und ihre Früchte verwertet: »Noah aber, der Landmann, war der erste, der Weinreben pflanzte« (1. Mose 9,20). Der hohe Wissensstand des Weinbaus in Kanaan vor der Eroberung durch die Israeliten wird in der Geschichte deutlich, nach der Mose Spione ausschickte, die das Land erkunden sollten. Sie kamen mit »einer Weintraube zurück und trugen sie zu zweit an einer Stange« (4. Mose 13,24). In jenen frühen Tagen wurde Wein, das Kostbarste aller Getränke, vornehmen Gästen angeboten: »Melchizedek, der König von Salem, ging Abraham entgegen und brachte Brot und Wein« (1. Mose 14,18). Die Bedeutung des Weinbaus zu jener Zeit in Israel wird in der Weinlese deutlich, einem alljährlichen Fest der Freude und Dankbarkeit. Die jungen Menschen gingen in die Weingärten, wie es Brauch war, und die Mädchen suchten sich dort ihre zukünftigen Männer. Dies alles war mit Musik und Tanz verbunden. Darüber hinaus ist die Fruchtbarkeit des Landes Symbol für den Segen, der auf Juda liegt: »Er bindet seinen Esel an den Weinstock und an die Rebe das Füllen seiner Eselin, er wäscht sein Gewand in Wein und in Traubenblut seinen Mantel« (1. Mose 49,11).
So wurde die Rebe zum Abbild der künftigen Verheißung und der Gnade Gottes (Amos 9,13). Auf der anderen Seite konnte die Verheißung von Überfluß ins Gegenteil, in Zerstörung und Strafe gekehrt werden, wie Jesaja prophezeite: »... und weggeerntet ist Freude und Frohlokken aus dem Fruchtgefilde, und in den Weinbergen jubelt und jauchzt man nicht; kein Kelterer tritt Wein in den Keltern, das Jauchzen (der Winzer) ist verstummt« (Jesaja 16,10). Die Rebe, eine der »sieben Arten«, mit denen das Land gesegnet war, wurde zum nationalen Symbol. Sie war auf Mosaikböden zu finden, an den Toren der Synagogen, auf Töpfereien, Möbeln, Gräbern und Münzen. Selbst im Exil verehrten die Israeliten die Weintraube und meißelten ihre Form in fremdem Land auf Grabsteine.
Die Übersetzung des hebräischen *gefen* mit »Weinrebe« ist so unbestritten wie die von *kerem* mit »Weinberg« und *anavim* mit »Trauben«. Zahllose Wörter in der Bibel beziehen sich auf den Weinbau, den Schnitt der Reben, die Weinlese und -herstellung, und verschiedene Ausdrücke bezeichnen die einzelnen Teile der Pflanze und ihre Fruchtsorten.
Im Neuen Testament wird der Weinrebe – besonders im Johannesevangelium, wo Jesus sich mit ihr vergleicht – geistliche Bedeutung beigemessen.
Die Rebe ist eine Kletterstaude, an deren Stock zahlreich dünne Äste entspringen, die sich auf dem Boden ausbreiten oder sich mit Hilfe langer Ranken emporwinden. Die Pflanze entwickelt zur gleichen Zeit fruchtende und taube Triebe. Die fruchtenden Zweige wachsen so rasch, daß manche während einer Vegetationsperiode eine Länge von 2–4 m erreichen. Da sie zu schwach

sind, um sich und ihre schwere Frucht zu tragen, werden sie meist mit Pfählen abgestützt. Die Blätter sind handförmig gelappt, sie entwikkeln sich im zeitigen Frühjahr und fallen im Spätsommer ab. Die winzigen grünlichen Blüten stehen in stark verzweigten Trauben, die ihre Hüllblätter beim Öffnen abstoßen. Befruchtet werden sie durch Bienen, die sowohl Pollen als auch Nektar sammeln. Die Frucht, deren Farbe die Haut liefert, ist eine Beere mit je einem Samen in ihren beiden Zellen. Das Fruchtfleisch selbst ist meistens farblos. Bei den Wildformen erfolgt die Verbreitung durch Vögel.

Die Rebe ist eine von 50 Arten der Gattung *Vitis,* die alle aus den gemäßigten Klimaten stammen. Die hier beschriebene Art stammt aus dem südlichen Europa und wurde sehr früh in Kultur genommen. Während der Weinbau in Israel, Syrien und Ägypten seine Anfänge in der frühen Bronzezeit nahm, wurden Samen von Weintrauben in Nordgriechenland bereits aus der Zeit um 4500 v. Chr. gefunden. Wahrscheinlich handelt es sich dabei um Nachkommen der aus Südeuropa stammenden Wildform *Vitis sylvestris,* die im damaligen Israel unbekannt waren.

Ölbaum/Olive

Olea europaea L.

Einst gingen die Bäume hin, einen König über sich zu salben. Und sie sprachen zum *Ölbaum:* Sei unser König! Aber der Ölbaum antwortete ihnen: Soll ich meine Fettigkeit lassen, mit der man Götter und Menschen ehrt, und hingehen über den Bäumen zu schweben?

Richter 9,8–9

Wenn jedoch einige der Zweige ausgebrochen worden sind, du aber, der du von einem wilden *Ölbaum* stammst, unter ihnen eingepfropft worden bist und an der saftreichen Wurzel des Ölbaums mit Anteil bekommen hast, so rühme dich nicht wider die Zweige.

Römer 11,17–18

Der Ölbaum ist der verbreitetste Kulturbaum in Israel und war es auch in biblischer Zeit. Bescheiden in seinen Ansprüchen, bildet er hier ausgedehnte Olivenhaine sowohl an den Berghängen von Galiläa, Samarien und Judäa als auch in der Küstenebene. Die Olive war eine der »sieben Arten«, mit denen das Land gesegnet war.

Seit Beginn der Menschheitsgeschichte symbolisiert der Olivenzweig Frieden und bedeutet neues Leben und Hoffnung, wie es in der Geschichte der Sintflut treffend zum Ausdruck kommt: »Die Taube kam um die Abendzeit zu ihm zurück, und siehe da! sie trug ein frisches Ölblatt in ihrem Schnabel. Da merkte Noah, daß sich die Wasser von der Erde verlaufen hatten« (1. Mose 8,11). In der Fabel von der Königswahl der Bäume war dieser knorrige uralte Baum der erste, den die anderen zu ihrem König machen wollten (Richter 9,8–9). In der Bibel wird die Rechtschaffenheit des einzelnen wie die des ganzen Volkes Israel mit diesem immergrünen Baum bildhaft verglichen.

Baum und Früchte standen in so hohem Ansehen, daß das Öl, neben der Verwendung als tägliche Nahrung, zur Salbung von Königen und Priestern wie auch der Kranken diente. Daneben wurde es in den Lampen zu Hause und im Tempel verbrannt, aber auch als Lösungsmittel von verschiedenen Würz-, Duft- und Aromastoffen für Parfüms und Kosmetika verwendet. Das deutlich gemaserte Holz wurde für unterschiedliche Produkte, wie z. B. hölzerne Ornamente und Haushaltsartikel genutzt, obwohl es sich wegen seines hohlen Stamms nicht zur Herstellung von Möbeln eignete.

Im Herbst, wenn die Früchte ganz reif waren, wurde geerntet. Dabei schlug man die Früchte, wie auch heute noch, mit langen Stangen herunter und sammelte sie in Körben. Mit einem drehenden Stein wurden die Oliven zerrieben und so das Öl gewonnen. Es floß unter dem Stein heraus in eine Zisterne, die in den Boden eingelassen war. Solche Ölpressen standen damals am Fuß des Ölberges. Das dort so reichlich gewonnene Öl und die malerischen Olivenhaine gaben den Namen für den Ort ab: Getsemani (hebr. *Gat-Shmanim*=Ölpresse).

Zayit oder *etz-zayit* bezeichnen im Hebräischen präzis den Ölbaum. Seine landwirtschaftliche Bedeutung in biblischer Zeit geht aus den vielen Hinweisen in der Bibel hervor.

Der Baum wächst sehr langsam, erreicht aber ein sehr hohes Alter und trägt noch Früchte, wenn er innen schon hohl ist. Man nimmt an, daß einige Olivenhaine in Israel schon über 1000 Jahre alt sind. Funde von Ölpressen in ver-

buschtem Gelände deuten darauf hin, daß der Baum früher in stärkerem Maß angebaut wurde, als dies heute der Fall ist.
In Israel und anderen Mittelmeerländern wächst der Ölbaum oft wild. Man nimmt an, daß es sich um eine Varietät des Kulturbaumes *O. europaea L. var oleaster* handelt. Man findet ihn nicht selten in dem örtlichen immergrünen Gebüsch (Macchie) und vermutet, daß es sich um einen wilden Vorfahren der Kulturolive handelt. Es ist zwar nicht ganz sicher, wo die Kultur des Ölbaums zuerst begann. Doch haben die Funde bei den Ausgrabungen in jungsteinzeitlichen Schichten (3700 v. Chr.) in Jericho nördlich des Toten Meeres die bislang ältesten Hinweise enthüllt, die zu der Annahme berechtigen, daß in dieser Gegend die Anfänge der Kulturolive zu suchen sind. Olivensteine wurden außerdem bei Ausgrabungen an anderen Orten mit zeitlich unterschiedlicher Bewertung gefunden.
Der Ölbaum gehört zur Familie der *Oleaceae* mit etwa 400 Arten, die in den gemäßigten und den tropischen Klimaten wachsen. Von den 35 Arten der Gattung *Olea*, die hauptsächlich afrikanische, indische und australische Pflanzen sind, erscheint *Olea europaea,* die einzige mediterrane Art, als ein Außenseiter. Es ist ein kräftiger Baum mit einem grauen, verdrehten Stamm, 5–8 m hoch und bis zu 1 m Durchmesser. Er verzweigt stark. Die Blätter sind länglich-lanzettlich, blaugrün und an der Unterseite silbriggrau. Die kleinen, weißen Blüten erscheinen im Frühjahr in traubigen Blütenständen und fallen kurz nach der Bestäubung ab. Die Olive ist eine einsamige, vor der Reife grüne Steinfrucht. Im Herbst, voll ausgereift, ist sie bläulichschwarz.

Feige

Ficus carica L.

Und das Weib sah, daß von dem Baume gut zu essen wäre und daß er lieblich anzusehen sei und begehrenswert, weil er klug machte, und sie nahm von seiner Frucht und aß und gab auch ihrem Manne neben ihr, und er aß. Da gingen den beiden die Augen auf, und sie wurden gewahr, daß sie nackt waren; und sie hefteten *Feigen*blätter zusammen und machten sich Schurze.

1. Mose 3,6–7

Sieh nur, der Winter ist dahin; vorüber, fort ist der Regen. Die Blumen erscheinen im Lande, die Zeit des Singens ist da, und das Gurren der Turteltaube hebt an. Am *Feigenbaum* röten sich die Früchte...

Hoheslied 2,11–13

Vom *Feigenbaum* aber lernet das Gleichnis: Wenn sein Zweig schon saftig wird und die Blätter hervorwachsen, merkt man, daß der Sommer nahe ist.

Matthäus 24,32

Die Feige ist die erste mit Namen erwähnte Frucht in der Bibel, und zwar in der Geschichte von Adam und Eva. Bei den Ausgrabungen von Geser, einer größeren antiken Stadt westlich des Gebirges Juda, wurden getrocknete Feigen gefunden, die aus der Zeit um 5000 v. Chr. stammen. Auch im alten Ägypten wurde die Feige angebaut. In der Bibel ist das hebräische Wort für Feigenbaum *teenah*, für die Frucht *teenim; develah,* häufig im Plural verwendet, bedeutet ein »Kuchen aus getrockneten Feigen«. Abwandlungen davon sind Eigennamen von Personen und Orten.

Die Feige war ein wichtiges Nahrungsmittel in biblischer und in nachbiblischer Zeit. Wegen ihres hohen Zuckergehaltes konnte sie getrocknet oder zu Fladen gepreßt für die obstlose Zeit gelagert werden, ähnlich wie Rosinen und andere Leckerbissen, die als Geschenk angeboten wurden. In der Bibel wird die Feige häufig zusammen mit der Rebe erwähnt; beide zählen zu den »sieben Arten« und symbolisieren Wohlergehen und Frieden (Micha 4,4).

In den Mittelmeerländern ist die Feige typisch für den Ackerbau ohne Bewässerung. Sie wird 3–5 m hoch, hat gefingerte, rauhe Blätter mit hervorragender Nervatur. Sie werden zu Beginn des Winters abgeworfen und treiben im zeitigen Frühjahr aus. Der Milchsaft, der in allen Teilen vorhanden ist, reizt die Haut und kann zu einem Ausschlag führen. Die zahlreichen winzigen Blüten der Feige sind in einem apfel- oder birnenförmigen fleischigen Blütenstand vereint.

Die Feige kommt in zwei geschlechtlichen Formen vor: dem Ziegenfeigenbaum *(caprificus),* der männlichen, und der Kulturfeige, der weiblichen Form. Die Ziegenfeige hat viele weibliche und etwas weniger männliche Blüten, die Kulturfeige nur weibliche. Die Bestäubung der weiblichen Feige mit den Pollen der männlichen Feige ist ein interessanter Vorgang. Eine kleine Wespe, *Blastophaga psenes,* legt ihre Eier im Fruchtknoten des *caprificus* ab, in denen sich Gallen entwickeln. Die weibliche Wespe, die aus den Gallen schlüpft, wird von den männlichen befruchtet und verläßt den Fruchtstand durch eine kleine Öffnung an der Spitze. Beim Verlassen kriecht sie über die männlichen Blüten und belädt sich mit Pollen. Dann sucht sie die

weiblichen Blüten auf und kriecht wieder durch die kleine Öffnung ins Innere. Sie streift dabei an den Narben entlang und befruchtet so die Blüten. Da die Legeröhre der Feigengallwespe kurz ist, findet in den Kulturfeigen keine Ei-Ablage statt, sondern nur in den männlichen Feigen, wo die weiblichen Blüten kurzgriffelig sind, was die Ei-Ablage ermöglicht. Durch die Bildung der Gallen wird die Frucht ungenießbar. Die Feige ist in der Tat zweihäusig, und nur die weiblichen Bäume legen Samen an und liefern genießbare Früchte. Der Fruchtansatz ist völlig von der Wespe abhängig, die der Pollenüberträger der männlichen Blüten ist.

Es gibt allerdings Varietäten der gleichen Art, die unabhängig von einer Bestäubung schmackhafte Früchte liefern. Dies gilt als ein natürliches Phänomen im Gartenbau, nämlich die Parthenokarpie (die Erzeugung von samenlosen Früchten ohne Bestäubung).
Die Gattung umfaßt ca. 1000 hauptsächlich tropische Arten. Ähnlich der Dattelpalme weicht auch der Feigenbaum beträchtlich von seinem Hauptverbreitungsgebiet der Gattung ab. Die Herkunft ist umstritten. Man nimmt an, daß eine Art, die im Küstengestrüpp des Kaspischen Meeres und in der nordwestlichen Türkei wächst, der Urahn der kultivierten Feige ist.

Dattelpalme

Phoenix dactylifera L.

Der Gerechte sproßt wie der *Palmbaum*, wächst hoch wie die Zeder auf dem Libanon. Gepflanzt im Hause des Herrn, sprossen sie auf in den Vorhöfen unseres Gottes. Noch im Alter tragen sie Frucht, sind saftvoll und frisch.

Psalm 92,13–15

Als am folgenden Tage das Volk, das zahlreich zum Fest gekommen war, hörte, daß Jesus nach Jerusalem komme, nahmen sie *Palmzweige* und zogen hinaus ihm entgegen und riefen: »Hosianna! Gepriesen sei, der da kommt im Namen des Herrn und der der König Israels ist.

Johannes 12,12–13

Die Dattelpalme ist einer der ältesten Obstbäume im Heiligen Land. Ihre kulturelle und landwirtschaftliche Bedeutung läßt sich daran ermessen, wie oft sie in der Bibel erwähnt wird, aber auch an der Zahl der Menschen und Orte, die den hebräischen Namen *tamar* tragen. *Tamar* ist zweifelsfrei mit Dattelpalme zu übersetzen. In Richter 4,5 saß Debora unter einer Dattelpalme. In der Dichtung war der Baum Symbol für Aufrichtigkeit, Gerechtigkeit und Rechtschaffenheit. Er gehört zu den vier Baumarten, deren Blätter für das Laubhüttenfest verwendet werden (Nehemia 8,15).

Die Palme ist bis heute ein Symbol für Heiligkeit und Auferstehung im christlichen Glauben. Obwohl sie bei den »sieben Arten«, mit denen das Land gesegnet war, nicht ausdrücklich genannt wird, glaubt man, daß mit *dvash* (Honig) in 5. Mose 8,8 sie gemeint ist. Jericho, das man für die älteste Stadt der Welt hält, heißt in der Bibel »die Stadt der Palmen« (5. Mose 34,3). Im alten »Palmyra« (Tadmor) klingt das Wort Palme an, und die arabische Stadt El Arish im Sinai bedeutet »Hütten«, die nur aus Palmzweigen gefertigt sind.

König Salomo verwendete Palmen und Palmzweige als Motive in Tempelreliefs und -skulpturen. In der Synagoge in Kafarnaum wurden Friese aus dem 3. Jh. v. Chr. mit eingravierten Palmzweigen entdeckt. Im 2. Jh. v. Chr. benützten die Makkabäer die Palme als Siegessymbol auf ihren Münzen, während römische Münzen aus dem 1. Jh. n. Chr. eine unter einer Palme sitzende Frau als Symbol für das unterjochte Judäa zeigen.

Abgesehen von der Rolle, welche die Palme als geistliches Symbol und Sinnbild in der ganzen Bibel spielt, fand sie vielfältige Verwendung im täglichen Leben: die Frucht ist nahrhaft, der Saft erfrischend. Auch aus dem Blütenstand konnte ein schmackhafter Saft gewonnen werden. Die Fiederblättchen wurden zu Matten, Körben und anderen Haushaltsgegenständen geflochten, während sich aus dem Stamm Zäune, Dächer und Flöße anfertigen ließen.

Die Dattelpalme ist ursprünglich eine Oasenpflanze. Die ältesten Überreste kultivierter Datteln wurden in Ubaidien etwa 4000 v. Chr. und in jungsteinzeitlichen Schichten (3700 v. Chr.) in verschiedenen, hauptsächlich tropischen Gegenden des Nahen Ostens gefunden. Es wurde viel über die wilden Vorfahren der Dattelpalme geschrieben. Heute wird allgemein anerkannt, daß wilde Dattelpalmen ein großes Verbreitungsgebiet an den Ufern oder Rändern brackiger Flüsse und Quellen haben. Man findet sie die Sahara entlang vom Atlantik bis hin zum Persischen Golf in Oasen, wo sie salzige oder semisaline Pflanzengesellschaften bilden. Von diesen ursprünglichen Oasen aus, die es zahlreich im Aravah-Tal gibt, wurde die Dattelpalme in Kultur genommen.

Als eine Pflanze der Ebenen und Täler wird sie heute hauptsächlich im Jordan- und Aravah-Tal, im Gebiet des Toten Meeres, entlang der Küstenebene, hauptsächlich in der Gegend von El Arish und Gaza intensiv angebaut. Sie macht einen wichtigen Teil der Landwirtschaft in den heißeren und trockeneren Teilen Israels aus.

Unterschiedliche Varietäten haben sich an die besonderen klimatischen Bedingungen der einzelnen Regionen angepaßt.
Die Gattung *Phoenix*, deren Name wahrscheinlich von Dattelpflanzungen längs der phönizischen Küste abgeleitet ist, umfaßt etwa 30 Arten, wovon nur wenige eßbare Früchte liefern. Es ist eine bemerkenswerte Tatsache, daß die Dattelpalme ähnlich wie der kultivierte Ölbaum eine geographische Abschweifung von einer fast ausschließlich tropischen Palmenfamilie – der *Arecaceae* – ist, die etwa 4000 Arten umfaßt und sowohl in der alten als auch in der neuen Welt verbreitet ist.
Die Dattelpalme ist zweihäusig und erreicht eine Höhe von 10–20 m. An der Spitze des geraden, unverzweigten Stammes ist ein Büschel 2–3 m langer gefiederter Blätter. Es werden laufend neue Blätter gebildet, und pro Jahr stirbt etwa die gleiche Anzahl alter Blätter ab. Die jüngeren Blätter sind gefaltet und sehen wie ein Stab aus (*lulav* in 3. Mose 23,40). Die Blüten, männliche und weibliche, wachsen in dichten Büscheln, sie sind in einer holzartigen Spatha eingeschlossen, die zur Zeit der Blüte in bootsförmigen Klappen aufspringt. Normalerweise werden die Blüten durch den Wind bestäubt; doch schon zu Urzeiten hat der Mensch männliche Blütenstände auf die weiblichen Bäume gebracht, obwohl er die Bestäubungsvorgänge nicht kannte.
Mit etwa fünf Jahren beginnt die Palme zu fruchten. Sie blüht im Frühjahr, und die Früchte reifen gegen Ende des Sommers. Die Frucht ist 2–4 cm lang mit einem süßen, fleischigen Teil und einem großen Samen. Da der Pflanzer nur die fruchttragenden Palmen will, vermehrt er sie mit Wurzelschößlingen, da bei einer Vermehrung durch Samen etwa die Hälfte der Sämlinge männlich sind. Nachdem ein einziger männlicher Baum ausreichend Pollen für 25–50 weibliche Bäume liefert, braucht man nur wenige männliche Bäume in einer Pflanzung.

Granatapfel

Punica granatum L.

Da kamen sie ins Tal Eschkol und schnitten daselbst eine Rebe mit einer Weintraube ab und trugen sie zu zweit an einer Stange, auch einige *Granatäpfel* und Feigen.
4. Mose 13,24

Einem Karmesinband gleich sind deine Lippen, und dein Plaudermund ist lieblich. Gleich dem Riß im *Granatapfel* schimmert deine Schläfe hinter deinem Schleier hervor.
Hoheslied 4,3

In der Bildersprache des Hohenliedes Salomos werden dem Granatapfel in zahlreichen Umschreibungen viele Loblieder gesungen: seine Form wird mit der Schönheit der Frau verglichen; sein Samenreichtum symbolisiert Fruchtbarkeit; sein köstlicher roter Saft ist der Nektar der Liebenden, und der Duft seiner vielen Blüten ist der Inbegriff des erwachenden Frühlings in seiner Lieblichkeit. Nach Form und Gestalt des Granatapfels waren die goldenen Glocken, die den Tempel schmückten, gebildet, auch das Mobiliar, Stickereien, Säulenkapitelle, selbst die Priestergewänder waren damit verziert (2. Mose 28,33–34).
Für die Männer, die Mose ausgesandt hatte, um das Land Kanaan zu erkunden, waren Weintrauben und Granatäpfel Zeichen für den Reichtum des Landes. Obwohl er zu den »sieben Arten« zählt, mit denen das Land gesegnet ist, war der Granatapfel im Gegensatz zu Feige oder Dattel nie ein Hauptnahrungsmittel.
Im Hebräischen bezeichnet *rimmon* eine eindeutig bestimmte Pflanze, die in der Bibel häufig als Baum, aber auch als Personen- und Ortsname erwähnt wird.
Teile des Granatapfels wurden früher zu Heilzwecken verwendet. Seine Rinde und Borke, einst zur Tintenherstellung genutzt, dienen heute noch zum Färben. Rindenstücke fand man bei Ausgrabungen im jungsteinzeitlichen Geser. Die Früchte werden frisch oder verarbeitet verzehrt. Es wird auch ein Gewürzwein aus ihnen hergestellt. Da die Früchte im Sommer sehr erfrischend sind, wird der Baum seit Jahrtausenden angebaut. Wenngleich heute von wirtschaftlicheren Obstsorten mehr und mehr verdrängt, war er einst in großer Zahl in den Obstgärten anzutreffen.
Der Granatapfel ist die einzige Gattung der *Punicaceae*-Familie und hat nur zwei Vertreter: den kultivierten Baum oder Strauch und *P. protopunica*, einen Zwergstrauch, der nur als Zierde dient, mit kleinen Blüten und Früchten. Die Kulturpflanze ist ein kleiner, die Blätter abwerfender Baum mit stark verzweigendem Stamm. Seine Blätter sind länglich und ganzrandig. Er blüht im späten Frühling und fruchtet gegen Ende des Sommers. Die Blüten zeigen ein auffallendes Karminrot, die Frucht ist rot und hat etwa die Größe eines Apfels.

Johannisbrotbaum

Ceratonia siliqua L.

Er aber, Johannes, hatte ein Kleid von Kamelhaaren und um seine Lenden einen ledernen Gürtel; seine Speise aber waren *Heuschrecken* und wilder Honig.

Matthäus 3,4

Und er begehrte, seinen Bauch mit den *Schoten* (des Johannisbrotbaums) zu füllen, die die Schweine fraßen; und niemand gab sie ihm.

Lukas 15,16

Der Johannisbrotbaum, der jährlich beachtliche Mengen süßer Früchte trägt, ist in Israel heimisch und macht einen wichtigen Bestandteil der dortigen Vegetation aus. Es ist erstaunlich, daß er – obwohl seit Urzeiten heimisch – im Alten Testament nicht erwähnt wird und im Neuen Testament nur angedeutet ist. Das hebräische *ḥaruv* kommt dagegen in der Mischna und im Talmud oft vor und wird von den Arabern Südwestasiens und Nordafrikas heute noch verwendet. Weder sprachwissenschaftlich noch aus dem Zusammenhang heraus läßt sich belegen, daß zu den wenigen in der Bibel genannten Bäumen der Johannisbrotbaum zu zählen ist. Die Frage, ob für »Heuschrecken« bei Matthäus auch Johannisbrot stehen könnte und mit »Schoten« bei Lukas die des Johannisbrots gemeint sind, wird immer noch diskutiert, obwohl der Zusammenhang einsichtig ist und man um die Ähnlichkeit der hebräischen Wörter *ḥagavim* (Heuschrecken) und *ḥaruvim* (Johannisbrotbäume) weiß.

Die Geschichte von Johannes (von daher der Name Johannisbrot) erinnert an die Geschichte von dem weisen Rabbi Shimeon Bar-Yoḥai im Talmud, der sich mit seinem Sohn aus Angst vor den Römern in den Höhlen Galiläas verbarg und zwölf Jahre lang nur von Johannisbrot ernährte.

Der Baum fällt in vielen Pflanzengesellschaften auf, und man trifft ihn häufig an in der Küstenebene und dem angrenzenden Vorgebirge sowie an den Osthängen Galiläas und Samariens.

Der Johannisbrotbaum ist ein mittelgroßer, immergrüner Baum, dessen oft knorriger Stamm in eine dichte, ovale Krone übergeht. Die Blätter bestehen aus 2–4 Paaren Fiederblättchen, die ganzrandig sind. Die Blüten sind eingeschlechtig, und männliche und weibliche Blüten stehen auf verschiedenen Bäumen in dichten Ähren an alten Ästen (Kauliflorie). Sie sind klein, von grünlicher Farbe und erblühen im Herbst, jedoch reifen die Früchte erst im Spätsommer des folgenden Jahres. Die Frucht, eine braune Schote, ist trocken, fleischig und enthält viele Samen. Das süße Fruchtfleisch, das die Araber zu einer Art Sirup verarbeiten, enthält oft bis zu 50 Prozent Zucker.

Walnuß

Juglans regia L.

Ich stieg hinab in den *Nuß*garten, mich zu ergötzen an den Blüten im Tal, zu sehen, ob der Weinstock gesproßt, ob die Granatäpfel in Blüte stehen.

Hoheslied 6,11

Einst glaubte man, daß der Walnußbaum wie »Narde und Safran, Gewürzrohr und Zimt samt allerlei Weihrauchhölzern, Myrrhen und Aloe mit den allerbesten Balsamen« (Hoheslied 4,14) nur im imaginären Garten der Geliebten wachsen würde. Denn die eingangs zitierte Bibelstelle ist die einzige, in der das Wort *egoz* (Walnuß) vorkommt. Diese Vorstellung dürfte aber nicht zutreffen, da Josephus Flavius neben anderen Pflanzen das fruchtbare Tal von Gennesaret wegen seiner zahlreichen Walnußbäume pries und auch die nachbiblische Literatur häufig auf die Walnuß als einen in Legenden und Riten wichtigen Baum hinweist. Eine Reihe von Redewendungen und Sprichwörtern zeigt, daß man von dem Baum nicht nur die Nüsse und das aus ihnen gewonnene Öl verwertete, sondern er auch Gerbsäure, Bauholz und Holz für das Altarfeuer im Tempel lieferte. Einzelne Walnußbäume trifft man auch heute noch überall in Israel an. In Ost-Jerusalem gibt es sogar einen Wohnort, der »Tal der Walnüsse« heißt.

Der Name *egoz* für Walnuß wurde eindeutig bestimmt und ist im Arabischen als *goz* oder *jauz* erhalten.

Der Walnußbaum ist in Südosteuropa, im Kaukasus, in der Nordtürkei, in Persien und anderen westasiatischen Ländern beheimatet und bildet dort häufig Steppenwälder. Schon in biblischer Zeit wurde er zusammen mit anderen Bäumen wie der Silberpappel, dem Granatapfel, der Pistazie und der Maulbeere kultiviert. Seinen Weg nach Kanaan fand er wahrscheinlich von Persien oder der Türkei aus. Der Gattungsname *Juglans* ist eine Verunstaltung von *Jovis glans* oder »Jupiters Nuß«. Die Gattung besteht aus etwa 40 Arten, die über die gemäßigten Klimaten der Alten und Neuen Welt verbreitet sind. In Europa und im westlichen Asien wird nur *eine* Art angebaut. In Amerika und anderswo werden jedoch auch andere Arten, die ähnliche Nüsse liefern, gezüchtet.

Die Walnuß ist ein stattlicher Baum, ca. 6–8 m hoch, und hat eine Krone von oft 20 m Umfang. Die Blätter bestehen aus 2–5 Paaren großer, ganzrandiger, duftender Fiederblätter, die im Winter abgeworfen werden. Der Baum blüht, ehe sich die Blätter entfalten. Die männlichen Blüten sind hängende Kätzchen, die weiblichen stehen in Gruppen. Sie sind klein, grün und werden vom Wind bestäubt. Die runden Früchte reifen gegen Ende des Sommers. Die äußere fleischige Hülle enthält ein Adstringens, das die Hände beim Öffnen schwarz färbt. Diese Hülle platzt noch am Baum und läßt die Nüsse herausfallen. Die Nußschale schließt den eßbaren Kern ein, der zu etwa 60 Prozent aus Fett besteht.

Terebinthenbaum/Pistazie

Pistacia vera L.

Da sprach ihr Vater Israel zu ihnen: Muß es denn sein, so tut dies: Nehmt von den besten Früchten des Landes in eure Säcke und bringt es dem Manne als Geschenk, ein wenig Balsam und ein wenig Honig, Gummi und Harz und *Pistaziennüsse* und Mandeln.

1. Mose 43,11

Pistaziennüsse *(botnim)* werden nur einmal in der Bibel erwähnt, und zwar bei der Aufzählung entsprechender Geschenke für einen angesehenen Mann, was darauf schließen läßt, daß sie zu den köstlichsten Früchten des Landes zählten. Der Ort Betonim (Josua 13,26) im Gebiet des Stammes Gad im südlichen Ostjordanland, einer Gegend, die sich für den Anbau von Terebinthen sehr eignet, ist vermutlich eine Ableitung von *botnim.* Diese beiden Stellen in der Bibel sowie ein Bezug im Talmud zeigen, daß der Baum seit langem in Israel angebaut wird.

Es besteht kein Zweifel, daß mit *botnim* die Pistazie gemeint ist. Das Arabische *butm* oder das verwandte *botnim* bezeichnen auch andere Arten der Gattung, während das neuhebräische *elah* eine Sammelbezeichnung für alle Arten ist. Die Pistazie ist ein kleiner blattabwerfender Baum, dessen Stamm eine Vielzahl von Ästen hervorbringt. Die Blätter bestehen aus zwei oder drei ziemlich großen ovalen Fiederpaaren mit kleinen eingeschlechtigen Blüten. Die Terebinthe ist diözisch, das heißt die männlichen und weiblichen Blüten wachsen auf verschiedenen Bäumen. Die Früchte sind einsamige Nüsse mit einer harten Schale, die an den seitlichen Nähten aufspringt. Der schmackhafte fetthaltige Kern ist etwa 1 cm lang.

Die Pistazie ist ein Steppenbaum, der in den semiariden Ländern Südwestasiens wild wächst. Mit anderen Kulturpflanzen gelangte sie vermutlich von Syrien oder von Persien nach Israel.

Mandelbaum

Amygdalus communis L.

Am anderen Morgen aber, als Mose in das Zelt des Gesetzes trat, siehe, da hatte der Stab Aarons, vom Stamme Levi, gesproßt, hatte Schosse und Blüten getrieben und trug reife *Mandeln.*

4. Mose 17,8

Sei deines Schöpfers eingedenk in der Blüte des Lebens, ehe die bösen Tage kommen . . ., wenn man sich auch vor der Anhöhe fürchtet und Schrecknisse auf dem Wege sind; wenn der *Mandelbaum* blüht und die Heuschrecke sich mühsam hebt . . . Denn der Mensch geht in sein ewiges Haus, und die um ihn klagen, ziehen auf der Gasse umher.

Prediger 12,1.5

Er ist der erste Baum, der vor Ende des Winters zu blühen beginnt – daher stand er als Symbol für Eile und Hast. Und in der Tat ist er auch der Baum, der das Nahen des Frühlings in Israel ankündigt.

Das hebräische *shaked* wird in der Bibel für Mandelbaum, -zweig und -frucht verwendet. Der Ausdruck mandelförmig *(meshukadim)* zusammen mit *kaftor* (Blütenknospe), *gavia* (Blütenkelch) und *peraḥ* (wahrscheinlich Blütenblätter) wird im 2. Mosebuch dreimal in Verbindung mit der Mandelblütenverzierung des Leuchters für die Stiftshütte in der Wüste verwendet. Heute trifft man auf der Sinai-Halbinsel keine blühenden Mandelbäume mehr an. Es ist aber möglich, daß es damals in den höher gelegenen Gebieten welche gab, da sie auch in den Bergen des Negev wachsen. Möglicherweise dienten auch andere Bäume mit ähnlichen Blüten (z. B. Sinai-Weißdorn, *Crataegus sinaica*) als Modell für den Leuchter genauso wie in der Geschichte des sprießenden Aaronstabs, der reife Mandeln trug (4. Mose 17,8), und in Jeremia 1,11–12, obwohl es sich hier eher um Legenden- und Symbolbildungen handeln dürfte. In 1. Mose 30,37 steht *luz* für Mandelbaum. *Luz* taucht auch als Ortsname in Samarien auf (1. Mose 28,19; Josua 16,2), was vermutlich auf große Mandelhaine hindeutet. Daß *shaked* im Aramäischen und in anderen semitischen Sprachen mit *luz* wiedergegeben wird, macht die Verbindung zwischen beiden Wörtern eindeutig, und daß beide »Mandel« bedeuten, gilt als genauso sicher, vor allem da *luz* oder *lauz* auch heute noch von den Arabern und kurdischen Juden als Name für den Baum verwendet wird.

Die Gattung *Amygdalus* besteht aus etwa vierzig Arten, die hauptsächlich in Zentral- und Südwestasien vorkommen. Es gibt mindestens fünfzehn Arten in Persien und zwei Wildformen mit bitteren Samen sowie eine süße Kulturart in Israel. Uns interessiert hier die Kulturart. Es ist ein mittelgroßer Baum, der seine ovalen bis lanzettlichen Blätter zu Beginn des Winters abwirft. Er beginnt in der ersten Februarhälfte zu blühen. Die Blütezeit dauert etwa einen Monat. In dieser Zeit zeigt der Baum eine Unmenge von Blüten, zumeist ehe die Blätter austreiben – ein Bild, das einer weißen Wolke in der Landschaft gleicht. Jede Blüte hat einen glockenförmigen Kelch, eine offene Blütenkrone, 15–20 Staubgefäße und einen Stempel. Bienen sammeln die Pollen und den Nektar.

Etwa zehn Wochen nach Beginn der Blüte fangen die Früchte an zu reifen. Das fleischige Perikarp trocknet aus, springt auf und gibt die

Frucht, die dann abfällt, frei. Der Kern in der Schale ist von einer braunen Haut überzogen. Man ißt ihn roh bzw. geröstet oder zermahlt ihn für Kochzwecke. Er enthält etwa 50 Prozent Fett und wurde seit frühester Zeit hier angebaut. Die einheimischen bitteren Sorten wurden ohne Zweifel als Unterlage für die Veredlung mit süßen Arten verwendet. Die Tatsache, daß in Israel zwei oder drei Wildformen beheimatet sind, die der Kulturform sehr ähneln, deutet darauf hin, daß es wohl zu den Ländern zu rechnen ist, wo die Mandel domestiziert wurde.

Wilder Feigenbaum/Sykomore

Ficus sycomorus L.

Und der König machte, daß in Jerusalem Silber war soviel wie Steine, und Zedern soviel wie *Maulbeerfeigenbäume* in der Niederung.
1. Könige 10,27

Ziegelmauern sind eingstürzt, mit Quadern bauen wir auf; *Maulbeerfeigenbäume* sind umgehauen, Zedern pflanzen wir ein.
Jesaja 9,10

Und er suchte Jesus zu sehen, wer er sei, und er vermochte es nicht wegen der Volksmenge, weil er von Gestalt klein war. Da lief er voraus und stieg auf einen *Maulbeerfeigenbaum,* um ihn zu sehen; denn er sollte auf jenem Weg hindurchziehen.
Lukas 19,3–4

Der wilde Feigenbaum der Bibel ist eine *Ficus*art, die dem Feigenbaum in seinen Früchten ähnelt. Von ihm heißt es, daß er mehrere Male im Jahr fruchtet, obwohl die Haupternte im frühen Sommer liegt, weitere Ernten etwas später. Seine Früchte, wenn auch geschmacklich nicht so gut und weniger süß als die echten Feigen, galten früher als Nahrung der Armen und wurden sogar verkauft. Die Sykomore, ein für die Küstenebene charakteristischer und dort weit verbreiteter Baum, war nicht nur wegen seiner Früchte, sondern auch wegen seines Holzes, das zu Bauzwecken verwendet wurde, wichtig. Aufgrund seines geringen Gewichts und der porösen Struktur eignete es sich vorzüglich für Decken- und Dachkonstruktionen. Antike Särge aus Ägypten sind ein Beweis für seine Widerstandsfähigkeit gegen Feuchtigkeit und Verrottung.
Obwohl es andere Übersetzungen gibt, ist »Sykomore« die einzig richtige Wiedergabe von *shikmim* oder *shikmoth,* ein Wort das siebenmal und nur im Plural in der Bibel vorkommt. Einige Wissenschaftler nehmen an, daß sie ca. 10000 v. Chr. mittels Samen oder Stecklingen aus Afrika eingeführt wurde. Dies scheint unwahrscheinlich, da die Früchte nicht besonders geschätzt wurden und nie neben der echten Feige bestehen konnten, die in der gleichen Gegend, der Küstenebene, gedeiht. Obwohl ihr Holz wertvoll war, gibt es keine Belege, daß die Sykomore ins Land gebracht wurde.
Meiner Meinung nach wurde sie nie nach Israel »eingeführt«, sondern war ein Relikt aus der tropischen Flora im Tertiär. Das gleiche trifft auch auf andere Überreste zu, wie *Acacia albida, Ziziphus spina-Christi,* die wahrscheinlich seit der natufianischen Epoche in der Regel vegetativ gepflanzt und vermehrt wurden.
Die Feige und die Sykomore sind Vertreter der Gattung *Ficus,* die aus etwa tausend, hauptsächlich tropischen Arten besteht. Im Gegensatz zur Feige ist die Sykomore ein großer Baum, der eine Höhe von 10–15 m erreicht und eine Krone mit einem Umfang von 20–25 m ausbildet. Der Stamm hat gelegentlich einen Durchmesser von 1–2 m. Die Blätter ähneln denen des Maulbeerbaumes, werden aber nur in extrem kalten Wintern abgeworfen. Wie viele andere tropische Bäume sind die Fruchtstände traubenähnliche Büschel und stehen am Stamm oder an älteren Ästen. Dieses Phänomen ist als Kauliflorie (Stammblütigkeit) bekannt. Die Blütenstände der Sykomore bestehen aus einem kugeligen Blütenboden mit saftigen Haaren auf der Innenseite. Zwischen diesen Haaren sind die winzigen männlichen und weiblichen Blüten eingebettet. An der Spitze der Frucht ist eine enge Öffnung *(ostium),* durch die eine bestimmte Wespenart zur Eiablage ins Innere gelangt. Von diesen Wespen ist die *Sycophaga sycomori* die wichtigste. Im tieferen Teil der Feige sind die weiblichen Blüten, die wesentlich zahlreicher sind als die im oberen Teil um das *ostium* liegenden männlichen. Der ganze, ziemlich komplexe Befruchtungsvorgang ähnelt dem der echten Feige. Die Befruchtung der Sykomore durch die Wespen ist Voraussetzung für den Samenansatz.

Jedoch werden in Israel und anderswo keine Samen mehr produziert, da die Fruchtknoten zu Gallen werden, welche die Feigen ungenießbar machen. Um das zu verhindern, schnitten die Hebräer die Feigen vor ihrer Reife mit einem besonderen Messer an. Dieser Schnitt heißt im Hebräischen *balos* und bezeichnet einen Vorgang, auf den sich der Prophet Amos wahrscheinlich bezog, als er sagte: »Ich bin kein Prophet und kein Prophetenjünger, sondern ein Viehhirt bin ich und ziehe Maulbeerfeigen« (Amos 7,14). In anderen Ländern wurde die gleiche Technik verwendet. In Ägypten und Zypern zum Beispiel wird diese Methode heute noch praktiziert.

Aus nicht ganz verständlichen Gründen wurde die Varietät, die von der Wespe abhängig ist, in Israel von einer parthenokarpischen Sorte ersetzt, die zur Reifung ihrer samenlosen Früchte keine Wespe mehr braucht.
Die vielen einzeln stehenden Bäume, die hier trotz Sand, Dünen und stürmischen Seewinden gedeihen, lassen darauf schließen, daß der Baum in der südlichen Küstenregion heimisch ist. Da die Sykomore nicht über Samen vermehrt werden kann, hängt ihr Überleben ausschließlich vom Menschen ab. Anders ausgedrückt: es ist der Mensch, der das Aussterben der Sykomore in Israel und in seinen Nachbarländern verhindert hat.

Apfelbaum

Malus sylvestris Mill.

Er labte mich mit Rosinenkuchen, erquickte mich mit *Äpfeln*; denn ich bin krank vor Liebe.

Hoheslied 2,5

Der Weinstock ist mißraten und der Feigenbaum welk; Granatbaum, auch Palme und *Apfelbaum*, alle Bäume des Feldes sind verdorrt.

Joël 1,12

Trotz des weitverbreiteten Glaubens, daß die verbotenen Früchte im Garten Eden Äpfel waren, werden sie in der Geschichte nicht namentlich erwähnt. Das hebräische *tappuaḥ* kommt in der Bibel fünfmal als Apfelbaum oder dessen Frucht vor, sechsmal als Ortsname (Josua 15,33) und einmal als Eigenname (1. Chronik 2,43). Botaniker, die sich mit der Pflanzenwelt der Bibel befassen, haben die Bedeutung von *tappuaḥ* intensiv debattiert. Gelegentlich wurde, aus nicht hinreichend bekannten Gründen, eine Zuordnung zur Aprikose *(Armeniaca vulgaris)* oder zu den Agrumen *(Citrus vulgaris)* vorgenommen, obwohl diese wesentlich später als der Apfel naturalisiert wurden. Der Apfel läßt sich in Europa bis in die Jungsteinzeit zurückverfolgen.

Obwohl bisher noch keine Spuren des Apfels bei prähistorischen Funden des Mittleren Ostens gefunden wurden, gibt es indirekte Hinweise. Vor allem die Tatsache, daß das arabische *tuffaḥ* ausschließlich den Apfelbaum bezeichnet, legt nahe, es mit dem hebräischen *tappuaḥ* gleichzusetzen. Alte ägyptische Papyri aus der Zeit Ramses II. (1298–1235 v. Chr.) verraten, daß die Felder am Nildelta feine Früchte trugen – Granatäpfel, Äpfel *(taph)*, Oliven- und Feigenbäume. Plinius' *Historia naturae* erwähnt viele Apfelsorten, einschließlich der weißen und roten aus Syrien.

In der Tat wachsen einige Sorten von *Malus sylvestris* in der Türkei wild, wo ich selber eine Reihe dieser Spezies zwischen Waldbäumen fand. Es ist möglich, daß sie ursprünglich auch im Libanon heimisch waren, das für seine Apfelgärten bekannt ist.

Nach Goor (1968) dürfte der Apfel etwa 4000 v. Chr. von Iran oder Armenien (meiner Meinung nach auch von der Türkei und Syrien) aus nach Israel und Ägypten gelangt sein. In den Anfängen der Bodenbewirtschaftung wurden Obstbäume wie die Walnuß und die Maulbeere, aber auch Holzbäume wie die Silberpappel zumeist aus den Nachbarländern eingeführt.

Der Apfelbaum erreicht eine stattliche Höhe von 8–12 m. Er hat elliptische oder rundliche Blätter, weiße, etwa 3–4 cm große Blüten, die in Büscheln von 4–6 Blüten zusammenstehen. Der Apfel ist eine kleine, rundliche, gelbgrüne bis rötliche, etwa 3–6 cm große Kernfrucht. Sein Vorkommen im Nahen Osten weist darauf hin, daß er hier weithin gezüchtet und angebaut wurde und so Hunderte von Sorten entwickelt hat. Er ist heute in allen gemäßigten Zonen der Erde anzutreffen.

Maulbeerbaum

Morus nigra L.

Wer nur *ärmlich* geben kann, wählt ein Holz, das nicht fault, und sucht sich einen geschickten Künstler, ein Bild zu fertigen, das nicht wackelt.

Jesaja 40,20

Er ließ den Elefanten roten Wein und *Maulbeersaft* vorhalten, um sie zum Kampf anzureizen.

1. Makkabäer 6,34

Und die Apostel sagten zum Herrn: Mehre uns den Glauben! Der Herr aber sprach: Wenn ihr Glauben hättet wie ein Senfkorn, so würdet ihr zu diesem *Maulbeerfeigenbaum* sagen: Entwurzle dich und pflanze dich ins Meer, und er würde euch gehorchen.

Lukas 17,5–6

Während die Wiedergabe von *tut* im 1. Makkabäerbuch mit »Maulbeerbaum« keine Fragen aufwirft, sind *sycamine* bei Lukas und *mesukan* bei Jesaja, obwohl etymologisch miteinander verwandt, nicht so sicher mit »Maulbeere« zu übersetzen. Doch *mesukan* ist eindeutig mit dem sumerischen *messikanu* oder *sukannu* verwandt, das Thompson 1949 mit »Maulbeere« übersetzte und was auch vom Zusammenhang her in der Jesaja-Stelle befriedigt. *Sycamine* könnte den gleichen Ursprung haben.
Die Gattung *Morus* besteht aus zehn Arten, deren Verbreitung von China bis Nordamerika reicht. In den Mittelmeerländern werden seit Jahrhunderten zwei Arten kultiviert: die weiße Maulbeere *(M. alba)* und die schwarze Maulbeere *(M. nigra)*. Die weiße Maulbeere aus China wird hauptsächlich wegen ihrer Blätter angebaut, die das Futter für die Seidenraupe liefern. Obwohl Seide mehrfach in der Bibel erwähnt wird, finden sich in ihr keine Hinweise auf eine Seidenproduktion. Gleichwohl gibt es bis in jüngste Zeit Kulturen von *M. alba* im Libanon, in Syrien und vereinzelt auch in Israel.

Die schwarze Maulbeere, wahrscheinlich ein Abkömmling der weißen, wächst wild im nördlichen Persien, an der Küste des Kaspischen Meeres und im alten Colchis. Von dort aus wurde sie vor langer Zeit in das Land der Bibel gebracht. Eine vermutlich ähnlich frühe Einbürgerung aus Persien und seinen Nachbarländern dürfte auch für den Apfel, den Granatapfel, die Feige und die Pistazie zutreffen.
Die *M. nigra* ist mittelgroß, laubabwerfend und zweihäusig. Sie blüht im Frühling entweder vor oder zusammen mit dem Austreiben der gelappten und gezähnten Blätter. Die Blüten sind klein, grün und werden vom Wind bestäubt. Die männlichen Blüten sind hängende Kätzchen, die weiblichen stehen in runden oder ovalen Köpfchen. Nach der Befruchtung entwikkeln sich die weiblichen Blüten zu schwarzen, beerenartigen, aus fleischigen Steinfrüchtchen bestehenden Früchten. Sie haben einen süßsauren Geschmack. Wegen des geringen Nährwerts der Früchte wird der Baum nicht sehr häufig angebaut.

2 Feldfrüchte und Gartenpflanzen

Wie wichtig die Feldfrüchte im alten Israel waren, läßt sich am täglichen Verbrauch an Brot ablesen, das Hauptbestandteil der Nahrung der Armen und Reichen wie auch der Könige war: »Als es nun Essenszeit war, sprach Boas zu ihr: Komm her und iß vom Brot und tauche deinen Bissen in den Essig« (Rut 2,14). Brot gehörte auch zu den Opfergaben; dort waren es die »Schaubrote«: »Dem Herrn, eurem Gott sollt ihr dienen, so werde ich dein Brot und dein Wasser segnen« (2. Mose 23,25). Die völlige Abhängigkeit menschlichen Daseins vom Brot wird auch deutlich durch den Platz, den das Brot bei Symbolen einnahm. So findet man Gerstenähren als Symbol für Überfluß auf jüdischen Münzen des ersten nachchristlichen Jahrhunderts und auf Öllampen.
Die Getreidearten in der Bibel sind Weizen, Emmer, Gerste und Sorghum. Davon waren Weizen und Gerste die wichtigsten und werden demgemäß bei der Aufzählung der »sieben Arten«, mit denen das Land Israel gesegnet war, als erste genannt. Die anderen Früchte waren Trauben, Feigen, Granatäpfel, Oliven und Datteln (Honig).
Die meisten Feldfrüchte waren Körnerfrüchte, die, mit Ausnahme von Sorghum, einem Sommergetreide, im Winter angebaut wurden. Da die Methoden des Sommeranbaus dem biblischen Menschen sicher bekannt waren, dürften bewässerte und unbewässerte Sommergetreidefelder existiert haben, jedoch in geringem Ausmaß. Weizen wurde verbreitet in allen Gebieten des regenreichen Mittelmeergebietes angebaut, vor allem in den Tälern und auf terrassierten Berghängen. Der ausgedehnte Weizengürtel der Küstenregion lag großenteils innerhalb der Grenzen von Philistäa.
Damals – wie auch heute noch – wurde Gerste in den Grenzlagen des Mittelmeergebietes, am Rand der Wüste und in besonders geeigneten Tieflagen der Wüste, wo der Regen für den Weizenanbau nicht ausreicht, angebaut. Gerste ist nicht so wertvoll wie Weizen, und obwohl sie zum Brotbacken verwendet wurde, galt dieses Brot immer als das Brot der Armen. Das trifft auch auf Emmer zu, der, wenngleich weniger ergiebig als Weizen, weit verbreitet war.
Die Vielzahl von Ausdrücken, die sich auf Feldarbeit und Erntegeräte, Pflanzenteile und Brotbacken beziehen, bestätigen den hohen Standard der Landwirtschaft in biblischer und vorbiblischer Zeit. Tatsächlich reichen landwirtschaftliche Techniken und ein großes sachbezogenes Vokabular auf eine Zeit zurück, die Jahrtausende vor der Einnahme des Landes durch die Israeliten liegt. Das gleiche trifft auch auf einige rituelle Bräuche und ländliche Gepflogenheiten sowie bäuerliche Gesetze zu.

Gartenpflanzen

Die Gemüsegärten in biblischer Zeit waren sehr einseitig. Ohne Rettiche, Rüben, Raps, Salat, Bohnen oder Gurken im Garten war der Mensch in hohem Maße wohl von der wilden Vegetation abhängig. Der Ausdruck *esev ha-sadeh* (Gras aus dem Felde) bezieht sich wahrscheinlich auf eßbare Kräuter und andere Pflanzen, die auch heute noch von den Bauern gesammelt und verkauft werden. In der einheimischen Flora gibt es viele nutzbare Pflanzen, die zumindest teilweise den Bedarf an Gemüse deckten.
Die biblischen Gartenpflanzen lassen sich in vier Gruppen einteilen:
1. Gemüse: Zwiebeln und Lauch. 2. Hülsenfrüchte: Linsen, Puffbohnen und Kichererbsen. 3. Kürbisse: Wassermelonen, Melonen und Flaschenkürbisse. 4. Gewürze: Minze, Majoran, Koreander, Kreuzkümmel, Schwarzkümmel und Dill.

Rohstoffliefernde Pflanzen

Nicht alle in diesem Kapitel aufgeführten Pflanzen werden in der Bibel hinsichtlich einer Weiterverarbeitung erwähnt. Flachs jedoch wird häufig genannt. Er wurde in biblischer Zeit wahrscheinlich verbreitet angebaut und fand zum Weben von Linnen, priesterlichen Gewändern und gewöhnlicher Kleidung Verwendung. Obwohl die Herstellung schwierig war und viel Geschick erforderte, war es die einzige Faserpflanze, die angebaut wurde. Leinenfasern gewann man, indem man die reifende Flachspflanze abschnitt und einige Tage lang wässerte. Auf diese Art wurden die Fasern von den weichen Teilen getrennt und anschließend in der Sonne getrocknet und gebleicht.
Baumwolle wurde im heiligen Land vermutlich nicht angebaut, obwohl sie als einer der königlichen Stoffe im Buch Ester aufgezählt wird: »Feine Baumwolltücher, weiße und purpurblaue, hingen vermittelst Schnüren von Byssus und rotem Purpur in silbernen Ringen an Marmorsäulen« (Ester 1,6).
Rizinus war in wilder Form weit verbreitet. Es wurde aber nur in Ländern wie Indien und Ägypten wegen seines wertvollen Öles angebaut. In der Bibel ist Rizinus nur in einem legendären Zusammenhang erwähnt (Jona 4,6–11).

Hartweizen

Triticum durum Desf.

Ein Land mit *Weizen,* Gerste, Reben, mit Feigen- und Granatbäumen, ein Land mit Ölbäumen und Honig...

5. Mose 8,8

Also lieferte Hiram dem Salomo Zedern- und Zypressenholz, soviel er haben wollte. Salomo aber lieferte dem Hiram 20000 Kor *Weizen* zum Unterhalt für seinen Hof und 20000 Bath vom feinsten Öl.

1. Könige 5,24–25

Die wichtigste Feldfrucht in biblischer Zeit war der Hartweizen. Die Äcker waren nicht bewässert, und der Ertrag hing völlig von den unsicheren jährlichen Niederschlägen ab, die manchmal so gering waren, daß die Felder keinen Ertrag brachten. Verheerende Hungerjahre werden in der Bibel oft erwähnt, und sie spricht von Ägypten als einem Weizenland mit ausreichend Wasser zur Bewässerung, einer Kornkammer für seine von Hunger bedrohten Nachbarn.

In Israel und seinen Nachbarländern wurden hauptsächlich zwei Arten angebaut, beide tetraploid: der Hart- oder Durumweizen *(T. durum)* und der Emmer (*T. dicoccum* Schult.). Der Durum ist, wie schon zur Zeit der Bibel, in den wärmeren Klimaten das wichtigste Brotgetreide. Seine Körner sind frei (nicht bespelzt), hart, reich an Klebern und liefern ein ausgezeichnetes Mehl. Er wird kurz vor oder nach dem ersten Regen ausgesät und im Juni oder Juli geerntet. Außer zum Brotbacken wurde er auch noch in einer Reihe von Spezialrezepten sowie als Getreideopfer, als Schaubrot, verwendet. Weizen, hebräisch *ḥittah,* ist wahrscheinlich in den allgemeineren Ausdrücken wie *bar* (1. Mose 41,49) *dagan* (4. Mose 18,27), *kamah* (Richter 15,5) sowie *avur, omer, geresh, carmel* und anderen im Alten Testament immer wieder vorkommenden Wörtern enthalten.

Weizen gehört zur Familie der Gräser, die meist einjährig sind, mit aufrechtem Halm, der in einer Ähre endet. Diese besteht aus einer Spindel mit zahlreichen Ährchen. Jedes Ährchen hat 3–7 Blütchen, die aber nicht alle Körner ausbilden. Das Weizenkorn enthält einen einzigen Samen mit einem kleinen Embryo und einem großen Endosperm aus etwa 70 Prozent Stärke und etwa 10 Prozent Eiweiß. Die Samenschalen ergeben nach der Verarbeitung den Hauptteil der Kleie und sind ein ausgezeichnetes Futter für Rinder und Geflügel.

Emmer, die andere Art, ebenfalls tetraploid, war in Israel und in anderen Ländern des nahen Ostens, einschließlich Ägyptens, seit 7000 v. Chr. im Anbau weit verbreitet. Er war dem Durum-Weizen aber weit unterlegen, zumindest wegen seiner selbst nach dem Dreschen noch bespelzten Körner.

Hartweizen *Triticum durum*

Emmer hatte eine eigene Bezeichnung und stand nicht unter dem Begriff *ḥittah*. Als *kussemeth* (oder *kussemoth* oder *kussmim*) wird er in der Bibel dreimal zusammen mit *ḥittah* erwähnt: »Der Weizen aber und der Spelt *(kussemeth)* waren nicht zerschlagen; denn die kommen später« (2. Mose 9,32); vgl. auch Jesaja 28,25 und Ezechiel 4,9.

Die Übersetzung »Spelt« für *kussemeth* ist falsch, da Spelt eine hexaploide Weizenart bezeichnet (*T. aestivum* L. var. spelta), die in Israel nicht wächst.

Die wilde Urform von Emmer und Hartweizen ist *T. dicoccoides* (Koern.) Aaronsohn, welche in Israel und den Nachbarländern beheimatet ist. Sie ähnelt den Kulturformen, doch sind die reifen Ähren brüchig und zerbrechen in einzelne Ährchen, die zu Boden fallen. Die Ähren der Kultursorten hingegen sind zäh und fallen nicht aus. Diese Eigenschaft, die sehr wichtig ist für den Schnitt, wurde von den Bauern jahrtausendelang gesucht, bis sich eine Mutante mit dieser Eigenschaft fand. Von da an wurde nur noch diese Art angebaut und gezüchtet. Diese nüchternen Worte können die Geschichte der Domestizierung des Weizens nur andeuten, so geschehen vor etwa 8000 Jahren in den primitiven Bauerndörfern der assyrischen Berge (Jarmo im Irak) und wahrscheinlich auch im Land Israel, wo die Kultur noch älter ist und der Urweizen zahlreicher vorkommt.

Wilder Weizen *Triticum dicoccoides*

Gerste

Hordeum vulgare L.

So kehrte Noomi mit der Moabiterin Rut, ihrer Sohnsfrau, aus dem Gefilde Moabs zurück, und da sie in Betlehem ankamen, begann gerade die *Gersten*ernte.

Rut 1,22

Einer von seinen Jüngern, Andreas, der Bruder des Simon Petrus, sagte zu ihm: Es ist ein Knabe hier, der hat fünf *Gersten*brote und zwei Fische; aber was ist das unter so viele?

Johannes 6,8–9

Gerste läßt sich dem hebräischen *seorah* (Plural *seorim)* eindeutig zuordnen. Sie wird mehr als dreißigmal in der Bibel erwähnt, davon dreizehnmal zusammen mit Weizen. Obwohl Gerste zu einer der »sieben Arten« zählt, mit denen das Land gesegnet war, wurde sie immer als weniger wertvoll angesehen, wie Offenbarung 6,6 klar bezeugt. Gerste, das Brot der Armen, war auf Gebiete mit geringen Niederschlägen, wie die semi-ariden Randzonen der Berge und Teile des nördlichen Negev, beschränkt. Da sie etwa einen Monat vor dem Weizen reift, diente sie als *Omer*-Opfer am Passafest; die ersten Weizenkörner dagegen wurden am »Wochenfest« (Pfingsten) dargebracht.

Das Anbaugebiet der Gerste reicht vom Polarbereich bis in die Tropen. Da ihre Boden- und Feuchtigkeitsansprüche ziemlich gering sind, wurde sie auch in trockenen Ländern angebaut. Seit dem 16. Jh. fand sie nicht mehr zu Back-, sondern hauptsächlich zu Futterzwecken Verwendung. Ihre Urform, die Gegend und die Zeit der ersten Domestizierung sind inzwischen geklärt. Man stimmt dahingehend überein, daß der Anbau von Gerste etwa 8000 v. Chr. im südwestlichen Asien begann, wo die Wildform der zweireihigen Gerste – die Tabor-Gerste *(H. spontaneum)* – weitverbreitet ist.

Die Gattung *Hordeum* besteht aus 18 Arten, wovon nur die zweizeilige *H. distichum* und die weiter verbreitete sechszeilige *H. hexastichum* angebaut werden. Den Angaben einiger Botaniker zufolge sind beides Varietäten der normalen Gerste *(H. vulgare)*, eines einjährigen aufrechten Grases mit reichlicher Blattmasse an Haupt- und Nebentrieben. Jeder Halm endet in einer Ähre, die aus zahlreichen Sammelährchen besteht, wovon jedes drei einblütige Ährchen trägt. Bei der zweizeiligen Gerste ist nur ein Ährchen fruchtbar, während bei der sechszeiligen alle drei Ährchen Körner ausbilden.

Rispenhirse

Panicum miliaceum L.

Sorghum

Sorghum bicolor (L.) Moench.

Du, nimm dir Weizen und Gerste, Bohnen und Linsen, *Hirse* und Spelt und tue das alles zusammen in ein Geschirr und mache dir Brot daraus; so viele Tage, als du auf der Seite liegen mußt, iß davon – 190 Tage.

Ezechiel 4,9

Das hebräische *doḥan*, obwohl nur einmal in der Bibel erwähnt, scheint in nachbiblischer Zeit verbreiteter gewesen zu sein. Im Arabischen werden diese beiden Hirsen mit *duḥn*, *doḥna* und anderen verwandten Namen bezeichnet. Es ist durchaus möglich, daß sie in biblischer Zeit angebaut wurden, jedoch gibt es dafür keine geschichtlichen Belege.

Hirse, von der man annimmt, daß sie von einer wilden äthiopischen Art *(Panicum callosum* Höchst.) abstammt, wurde sehr früh in Kultur genommen. Relikte, die aus Mesopotamien stammen, werden auf etwa 3000 v. Chr. datiert. Solche frühen Spuren wurden in Israel bislang nicht gefunden. Hirse ist ein Sommergetreide, das in Israel bewässert werden muß.

Sorghum, örtlich mit *durrah* bezeichnet, ist archäologisch noch nicht nachgewiesen. Man weiß, daß es sich von Ostafrika aus über Südwestasien nach Indien ausbreitete, wo archäologische Funde seinen Anbau seit etwa 2000 v. Chr. nachweisen. Angesichts der in Israel vorherrschenden klimatischen und landwirtschaftlichen Verhältnisse eignet es sich besser als die Rispenhirse für den Anbau. Im Tiefland wie auch in den Bergen ist es das nichtbewässerte Sommergetreide, das den höchsten Ertrag bringt.

Die aufrechte, ziemlich hochwachsende Pflanze hat viele breite Blätter entlang ihrer zahlreichen Stengel. Diese enden in einer dicken stark verzweigten Rispe. Aus den Blüten entwickeln sich runde weißliche Körner, die als Viehfutter, in einigen Ländern auch zum Backen einer einfachen Brotart verwendet werden.

Rispenhirse *Panicum miliaceum*

Sorghum *Sorghum bicolor*

Flachs

Linum usitatissimum L.

Der *Flachs* und die Gerste waren zerschlagen; denn die Gerste stand in Ähren und der Flachs in Blüte.

2. Mose 9,31

Da nahmen sie den Leib Jesu und banden ihn samt Gewürzen in *leinene* Binden, wie es bei den Juden Sitte ist, zu begraben.

Johannes 19,40

Das hebräische *pishtah* bezeichnet die Flachsfaser zum Spinnen, die so hergestellten Stoffe und die Pflanze selbst. Da das Wort öfters in der Bibel erwähnt wird, kann man davon ausgehen, daß Flachs intensiv angebaut wurde. Obwohl *pesheth, pishtah* und andere verwandte Wörter für Flachs im Hebräischen und in anderen Sprachen des antiken Mittleren Ostens Verwendung fanden, wurden sie bisweilen durch das akkadische *kitu,* das phönizische *kittan* und das arabische *kettan,* das sowohl Flachs als auch Baumwolle bedeutet, ersetzt. In der Bibel klingt das Wort in *kutoneth* (Leinenhemd) an.
Der Geser-Kalender, der bei Ausgrabungen der antiken Stadt Geser gefunden wurde, stammt aus den Anfängen des israelitischen Königreiches um 1000 v. Chr. Er enthält Hinweise auf den Anbau von Flachs. Flachs diente zusammen mit Wolle als wichtigstes Material zum Weben von Stoffen für Kleidung und Wäsche.
Die Flachspflanze, eine von etwa 200 Arten der Gattung *Linum,* wird nicht nur der Faser, sondern auch der Samen wegen, die einen hohen Ölgehalt haben, angebaut. In biblischer Zeit und davor war Flachs jedoch eine reine Faserpflanze. Der Anbau läßt sich in den Ländern des Mittleren Ostens bis etwa 5000 v. Chr. zurückverfolgen. Dazu gehört auch Israel, woher der Flachs wahrscheinlich stammt und wo die wilde Urform *Linum bienne* auch heute noch in der heimischen Flora vorkommt.
Der Kulturflachs ist ein einjähriges Kraut, das etwa 50 cm hoch wird. Der aufrechte Stengel verzweigt sich zur Spitze hin. Seine Zweige haben lange schmale Blätter und auffallende blaue Blüten, die aus fünf Kelch-, fünf Kron- und fünf Staubblättern bestehen, sowie einem Fruchtknoten mit einem langen Griffel. Die Frucht ist eine kugelige Kapsel, die mehrere ölhaltige Samen enthält.

Baumwolle

Gossypium herbaceum L.

Und als diese Tage zu Ende waren, veranstaltete der König ein Mahl für alles Volk, das die Burg Susa beherbergte, vom Größten bis zum Geringsten, sieben Tage lang auf dem Vorplatz des Gartens beim königlichen Schloß. Feine *Baumwoll*tücher, weiße und pupurblaue, hingen vermittelst Schnüren von Byssus und rotem Pupur in silbernen Ringen an Marmorsäulen. Ruhebetten von Gold und Silber standen auf einem Mosaikboden von Alabaster und weißem Marmor und Perlmuttersteinen und dunklem Marmor.

Ester 1,5–6

Baumwolle, hebräisch *karpas,* wird nur einmal in der Bibel erwähnt. Wahrscheinlich wurde sie in frühbiblischer Zeit in Israel nicht angebaut, dann aber in den letzten vorchristlichen Jahrhunderten. Man nannte sie *tzemer-gefen* (Rebenwolle), da ihre Blätter denen der Rebe ähneln.

Gossypium, zur Familie der *Malvaceae* gehörend, ist eine Gattung, deren 30 Arten einjährige Kräuter und baumartige, mehrjährige Pflanzen sind, alle tropisch oder subtropisch. Nur vier Arten werden angebaut: zwei in der Alten und zwei in der Neuen Welt, wo der Anbau weit in die Vergangenheit zurückreicht. 5000 Jahre alte Stoffreste, gefertigt aus den Arten der Alten Welt *(G. herbaceum* und *G. arboreum),* hat man im Industal in Pakistan gefunden. Auch in Amerika wurde Baumwolle lange vor Kolumbus angebaut. Überreste aus der Zeit um 4500 v. Chr. wurden im zentralen Küstenbereich Perus gefunden.

Die heimische Baumwolle ist ein etwa ein Meter hohes Kraut mit großen drei- bis fünffach gelappten Blättern. Aus den Blattachseln wachsen große rote oder cremefarbene Blüten auf langen Stielen zusammen mit drei großen tiefeingeschnittenen grünen Blättchen. Die Frucht ist eine vielsamige Kapsel, die sich mit drei Klappen öffnet. Die Samen sind mit langen weißen oder gelblichen Fasern bedeckt, deren Länge von der entsprechenden Sorte abhängt. Dieser Faser wegen wird die Baumwolle angebaut. Die Baumwolle ist weltweit verbreitet und hat den Flachs auf dem Textilsektor völlig verdrängt.

Lauch

Allium porrum L.

Zwiebel

Allium cepa L.

Knoblauch

Allium sativum L.

Wir gedenken der Fische, die wir in Ägypten umsonst aßen, der Gurken, der Melonen, des *Lauchs,* der *Zwiebeln* und des *Knoblauchs.* Und nun verschmachten wir; es ist nichts da, nichts als das Manna bekommen wir zu sehen.
4. Mose 11,5–6

Es ist erstaunlich, daß diese drei Gemüsearten, die in der nachbiblischen Literatur sehr häufig erwähnt werden, in der Bibel nur in diesem Abschnitt vorkommen, wo das Volk bei dem Auszug sein Verlangen nach dem bekannten Gemüse ausdrückt.
Zwiebeln, Lauch und Knoblauch gehören der Gattung *Allium* aus der Familie der *Liliaceae* an. Die Gattung umfaßt etwa 600 Spezies, davon sind etwa 30 im Lande heimisch. Die Mehrzahl der Alliumarten ist auf die gemäßigten Zonen der Alten und Neuen Welt beschränkt. Während die Wildform der Zwiebel bis jetzt noch nicht gefunden wurde, vermutet man bei Lauch und Knoblauch, daß es sich um *Allium ampeloprasum* handelt, das in Israel heimisch ist. Obwohl sie im alten Ägypten seit 3200 v. Chr. bekannt waren, wurden Zwiebel, Lauch und Knoblauch dort nicht domestiziert. Zwiebel und Lauch stammen aus Zentralasien, und nur von Knoblauch nimmt man an, daß er in dem östlichen Mittelmeerraum beheimatet ist.

Lauch

Der Lauch (in 4. Mose mit *ḥatzir* wiedergegeben) unterscheidet sich von Zwiebel und Knoblauch durch die Form der Blätter.
Während seine oberen Blatteile denen des Knoblauchs ähneln, bilden sie unten keine Verdikkung aus. Wie die Zwiebel ist der Lauch weit verbreitet und gilt als die beliebteste der wenigen kultivierten Alliumarten.

Zwiebel

Die gewöhnliche Gartenzwiebel wird bis zu einem Meter hoch. Ihre große Zwiebel besteht aus hautartigen Schalen und Schuppen, den fleischigen Blattgründen. Die zahlreichen Schuppen liegen übereinander und dienen als Speicherorgan für die Reservestoffe. Die äußeren membranartigen Schalen sind die entleerten Schuppen der Zwiebel. Die Blätter sind hohl, etwa so lang wie der gleichfalls hohle, in der Mitte geschwollene Stengel, und enden in einem Blütenkopf. Die Blütchen haben sechs Blütenhüllblätter, sechs Staubgefäße und drei Narben. Der Fruchtknoten entwickelt sich zu einer dreiteiligen samentragenden Kapsel. Die Zwiebel wird weltweit angebaut. Das hebräische *betzalim* (Sing. *batzal*) ist eindeutig die Bezeichnung für »Zwiebeln«.

Knoblauch

Die richtige Übersetzung von *shumim* ist Knoblauch und wird – wie das Wort für Zwiebel – im Plural erwähnt. Der Talmud weist auf das Würzen einer Reihe von Gerichten mit Knoblauch hin. Er wird aber auch medizinisch zur Förderung der Verdauung und der Harnausscheidung sowie zur Krampflösung verwendet. Sein massiver Stengel trägt flache Blätter. Einige davon verdicken sich am Blattgrund und werden zu fleischigen Häuten, in deren Blattachseln sich die großen Zehen entwickeln. Sie stellen die Brutzwiebeln dar, über die – im Gegensatz zu Zwiebel und Lauch – auch die Vermehrung stattfindet. Die kleinen Blüten stehen in Köpfchen, wo sich manchmal kleine Zwiebeln anstelle von Blüten entwickeln.

Lauch *Allium porrum*

Zwiebel *Allium cepa*

Knoblauch *Allium sativum*

Linse

Lens culinaris Medic.

Da gab Jakob dem Esau Brot und das *Linsen*gericht; der aß und trank, stand auf und ging davon.

1. Mose 25,34

Du, nimm dir Weizen und Gerste, Bohnen und *Linsen,* Hirse und Spelt und tue das alles zusammen in ein Geschirr und mache dir Brot daraus.

Ezechiel 4,9

Von den in der Bibel zuerst genannten Hülsenfrüchten kommt den Linsen in der Landwirtschaft des alten Israel eine besondere Bedeutung zu. Und sie waren in der Tat auch ein beliebtes und wichtiges Nahrungsmittel in biblischer und nachbiblischer Zeit.

Es besteht kein Zweifel, daß das in der Bibel viermal erwähnte hebräische *adashim,* die zahlreichen Erwähnungen in der nachbiblischen Literatur sowie das arabische *adas* Linse bedeuten. Die Linse dürfte so alt sein wie der Ackerbau. Die kultivierte Linse scheint aus dem Nahen Osten zu stammen und dort auch in Kultur genommen worden zu sein. Bei Ausgrabungen von Gehöften aus dem 6. oder 7. Jahrtausend v. Chr. wurden verkohlte Linsensamen gefunden, und seit der Bronzezeit waren Linsen mit Weizen und Gerste »vergesellschaftet«. Sie kommen in Israel in einer Wildform vor, wahrscheinlich als Kulturflüchtlinge. Die Linse ist eine nahrhafte Hülsenfrucht, die für Suppen und Brei verwendet wird. Der Same hat zwei linsenartige Keimblätter, die sich beim Dreschen voneinander lösen. Zusammen mit anderen Getreidekörnern werden sie zu Mehl verarbeitet und zum Backen von Kuchen verwendet.

Die im wesentlichen auf den Nahen Osten beschränkte Gattung *Lens* umfaßt einige Arten mit zahlreichen Varianten und vielen Sorten. Am bekanntesten davon ist *L. culinaris,* eine einjährige, stark verzweigte Pflanze mit ziemlich kurzem und weichem Stengel. Ihre Blätter enden in einer Ranke. Die Frucht der kleinen rosa bis weißlichen Blüten ist eine schmale einsamige Hülse. Die Linse wächst in unterschiedlichen Böden als Winterfrucht bis in Höhenlagen von 1200 m, braucht aber milde Winter und ausreichend Niederschläge.

Kichererbse

Cicer arietinum L.

Und die Ochsen und Esel, die den Acker bauen, werden *gemischtes* salziges *Futter* fressen, das mit Schaufel und Gabel geworfelt ist.
Jesaja 30,24

Die Kichererbse ist in den Ländern des östlichen Mittelmeeres und in Indien eine wegen ihres Samens häufig gepflanzte Hülsenfrucht. Verzehrt werden die Samen geröstet oder gestampft, auch werden aus ihnen verschiedene Gerichte zubereitet. Da ihre nächste verwandte Art in der Türkei und in einigen Nachbarländern wächst, dürfte sie zweifellos auch dort zuerst domestiziert worden sein. Tatsächlich wurden in jungsteinzeitlichen Schichten aus der Vortöpferzeit, in einigen prähistorischen Plätzen der frühbronzezeitlichen Ablagerungen von Jericho, im Irak und einigen anderen Orten Samen gefunden. Die ältesten Nachweise stammen aus der Türkei etwa um 5000 v. Chr.
Das biblische *ḥamitz* in der oben angeführten Bibelstelle ist mit dem arabischen *ḥumus* und dem aramäischen *ḥimtza* verwandt. Es bedeutet Kichererbse. *Ḥimtza* wird neuerdings auch im modernen Hebräisch für *Cicer arietinum* verwendet. Seine Übersetzung mit »gemischtes Futter« ist falsch.
Die Kichererbse wird 30–35 cm hoch, ist eine einjährige Pflanze mit einem aufrechten, stark sich verzweigenden Stengel. Die Blätter sind gefiedert mit 5–8 Paaren oval bis rautenförmig gezähnter Fiederblättchen. Stengel und Blätter sind mit einem dichten, drüsigen Haarkleid überzogen und sehr klebrig. Die Blüten stehen normalerweise einzeln auf einem langen Stiel. Die weiße, rosa oder blaue Blumenkrone ist 1 cm lang. Die Schoten, normalerweise prall, sind rautenförmig und oft 1–2,5 cm lang. Sie enthalten ein bis zwei eckige Samen mit einem Durchmesser von 5 mm. Selbstbefruchtung ist die Regel. Wegen ihrer relativen Trockenresistenz wird die Kicherbse als letzte Hülsenfrucht gesät und kurz vor Mitte des Sommers geerntet.

Die normale Gartenerbse, *Pisum sativum* L., wurde zweifellos in Israel in biblischer Zeit und lange davor angebaut. Man fand sie in mittelsteinzeitlichen Bauerndörfern in Israel und benachbarten Ländern; sie reichen bis in die Zeit um 7000–6000 v. Chr. zurück. Abgesehen davon wächst der wilde Vorfahr der Gartenerbse, *P. syriacum* Lehm., in Israel. Erstaunlicherweise wird diese Frucht nirgends in der Bibel erwähnt.

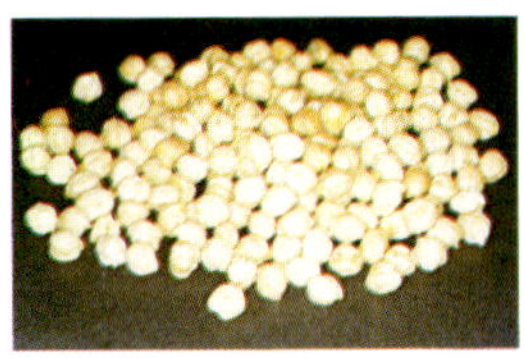

Puffbohne

Vicia faba L.

Als nun David nach Mahanajim gekommen war, hatten Schobi, der Sohn des Nahasch, von Rabba, der Hauptstadt der Ammoniter ... Ruhebetten, Decken, Schalen und irdene Geschirre gebracht; auch Weizen, Gerste, Mehl, geröstetes Korn, *Bohnen,* Linsen, Honig, Sahne, Schafe und Kuhkäse hatten sie für David und seine Leute zum Essen hergeschafft. 2. Samuel 17,27–29

Im Anbau weit verbreitet, nahm die Puffbohne in biblischer Zeit einen wichtigen Platz auf dem Speisezettel ein. Wegen ihrer vielfältigen Verwendungsmöglichkeiten ist dies in Ägypten auch heute noch der Fall. Die Bohnen werden in Mörsern zu Mehl gestampft, manchmal mit Hirse gemischt, um einen Brei oder eine dicke Suppe oder eine Art grobes dunkles Brot herzustellen. Häufig werden sie gekocht und ganz gegessen. Ihr Anbau geht zurück, um schmackhafteren Hülsenfrüchten Platz zu machen.

Das hebräische *pol* taucht wörtlich in der nachbiblischen Literatur auf und bedeutet mit Sicherheit Bohnen. Es gab zu jener Zeit Bohnen, und man fand sie auch in jungsteinzeitlichen Schichten von Jericho, wo sie heute noch angebaut werden. Ihre Verbreitung als Gartenpflanze ist weltweit. Obwohl man lange Zeit annahm, daß die Pflanze aus dem Mittleren Osten komme, da einige Wildarten der dortigen Flora der Puffbohne sehr ähneln, hat die moderne Forschung die Annahme verworfen, die Puffbohne stamme von lokalen Wildformen ab. Die Pflanze selbst wurde bisher in keiner Wildform gefunden, und es ist sehr wahrscheinlich, daß ihre wilden Vorfahren im Lauf der Zeit ausgestorben sind.

Die Puffbohne gehört zur großen Familie der Leguminosen und ist ein etwas außenstehendes Mitglied der Gattung *Vicia*, der etwa 200 Arten angehören. Die einjährige Pflanze zeigt aufrechten Wuchs und wird bis zu 1 m hoch. Ihr Stengel ist kantig und verzweigt, hauptsächlich am Ende. Die Blätter sind ohne Ranken und haben zwei ovale bis rautenförmige Blättchen. Die großen weißen Blüten mit braungetupften Lippen blühen im späten Frühjahr. Die Hülsen, jede mit drei bis sechs ovalen Samen versehen, reifen im Sommer.

Wassermelone

Citrullus lanatus (Thunb.) Mansf.

Wir gedenken der Fische, die wir in Ägypten umsonst aßen, der Gurken, der *Melonen,* des Lauchs, der Zwiebeln und des Knoblauchs. Und nun verschmachten wir; es ist nichts da, nichts als das Manna bekommen wir zu sehen.
4. Mose 11,5–6

Diese Art hat eine Vielzahl von Varietäten, die sich in Farbe, Form, Maserung und der Festigkeit der Frucht voneinander unterscheiden. Ihr Anbau ist in allen wärmeren Ländern der Erde weit verbreitet.

Das hebräische *avatiḥim* sollte man mit »Wassermelonen« und nicht mit »Melonen« übersetzen, da diese Bedeutung seit Jahrhunderten von den arabischen Landbewohnern bewahrt worden ist. Die Wassermelone ist in Ägypten seit der Bronzezeit bekannt, wahrscheinlich schon länger. Da die drei Arten der Gattung *Citrullus* aus Afrika stammen (Kalahari und Namibia), ist zu vermuten, daß die Wassermelone in der Jungsteinzeit in Afrika in Kultur genommen wurde.

Die Pflanze ist einjährig, dünn und behaart mit langen zarten Zweigen, die sich auf dem Boden ausbreiten. Ihre großen Blätter sind drei- oder vierpaarige Lappen. Die Blüten stehen einzeln, sind eingeschlechtig und achselständig. Der Blütenkelch ist tief fünfgeteilt, blaßgelb, 2–3 cm im Durchmesser. Die Frucht ist kugelförmig bis länglich, sie schwankt in der Größe zwischen 10–60 cm und darüber. Ihr Fruchtfleisch ist rot, grün oder gelb und schmeckt, wenn ausgereift, süß.

Melone

Cucumis melo L. var. chatae Nand.

Wir gedenken der Fische, die wir in Ägypten umsonst aßen, der *Gurken*, der Melonen, des Lauchs, der Zwiebeln und des Knoblauchs.

4. Mose 11,5

Und die Tochter Zion ist übriggeblieben wie ein Häuslein im Weinberg, wie eine Nachthütte im *Gurkenfeld*.

Jesaja 1,8

Die korrekte Übersetzung des hebräischen *kishuim* und *mikshah* muß »Melone« lauten, nicht »Gurke«, da es zur Zeit der Bibel in Ägypten keine Gartengurke gab. *Mikshah* ist deshalb ein »Melonenfeld«. Die »Nachthütte im Gurkenfeld« war der Unterstand, gefertigt aus Zweigen oder Matten, wie er auch heute noch in Kürbisfeldern zur Bewachung verwendet wird.
Die Melone und alle anderen Arten von *Cucumis* – mit Ausnahme der Gurke *(Cucumus sativus)* und ihrer Verwandten, die aus dem nördlichen Indien stammen – sind tropische Gewächse aus Ostafrika. Afrika ist die Heimat einer ganzen Reihe wilder *Cucumis*-Arten. Dies legt die Vermutung nahe, daß die wilde Melone ursprünglich in Ostafrika kultiviert wurde. Unter den vielen Varietäten von *C. melo* gibt es Formen mit langen, schlanken Früchten, die der Gurke sehr ähneln.
Die Melone ist eine kriechende, behaarte, einjährige Pflanze mit rundlichen oder ovalen bis nierenförmigen Blättern; sie sind fünfeckig bis leicht gelappt, 8–15 cm lang und haben einen langen Stiel. Die Ranken sind einfach, die Blüten eingeschlechtig mit männlichen und weiblichen Blüten auf der gleichen Pflanze (einhäusig). Die Blüte ist gelb, fünfzählig und etwa 2 cm lang. Sie enthält drei freie Staubgefäße und einen Fruchtknoten, bestehend aus drei bis fünf verwachsenen Fruchtblättern. Die Frucht variiert in Größe (10–40 cm) und Form. Gewöhnlich ist sie gelb oder hellgrün.
Viele Sorten der Melone werden im Nahen Osten und in allen warmen Ländern angebaut; in Israel, wo einige neue Sorten gezüchtet wurden, wächst sie hauptsächlich in der Küstenebene und anderen Ebenen als nichtbewässerte Sommerfrucht.

Flaschenkürbis

Lagenaria siceraria (Mol.) Standl.

Zenan, Hadascha, Migdal-Gad, *Dilan,* Mizpe, Jokteel, Lachisch.

Josua 15,37–38

Der Name der Stadt Dilan ist zweifelsfrei von *delaath* abgeleitet, das in der nachbiblischen Literatur als Bezeichnung für den Flaschenkürbis verwendet wurde. Zu dieser Zeit war sie die Hauptkürbisart, die zusammen mit Melonen und Wassermelonen angebaut wurde.

Der Flaschenkürbis oder die Kalebasse, die einzige Art der Gattung, wurde sehr früh in Afrika und anderen Teilen der Alten Welt in Kultur genommen. Allerdings nicht als Nahrungsmittel, sondern als Behälter für Flüssigkeiten, nachdem das bittere Fleisch und die Samen daraus entfernt worden waren. In ägyptischen Gräbern aus den Jahren 3500–3000 v. Chr. wurden Flaschenkürbisse gefunden. Exemplare der gleichen Kürbisart fand man erstaunlicherweise auch in peruanischen und mexikanischen Höhlen. Diese Funde gehen bis in die Zeit um 7000 v. Chr. zurück. Aufgrund von Experimenten zweifelt die Wissenschaft nicht mehr daran, daß der Flaschenkürbis, ähnlich wie die Kokosnuß, die Neue Welt auf dem Wasser treibend erreichte. Auf ihrem zweijährigen Weg von Afrika bis zur anderen Seite des Atlantik blieben die Samen keimfähig.

Die Kürbisse, die in der Bibel erwähnt werden, stammen ausschließlich aus Afrika. Andere Arten von Kürbissen wie der Turbankürbis konnten erst nach der Entdeckung der Neuen Welt eingeführt werden.

Roßminze

Mentha longifolia L.

Kreuzkümmel

Cuminum cyminum L.

Dill

Anethum graveolens L.

Wehe euch, ihr Schriftgelehrten und Pharisäer, ihr Heuchler, daß ihr die *Minze* und den *Anis* und den *Kümmel* verzehntet und die gewichtigeren Stücke des Gesetzes außer acht gelassen habt: das Recht und die Barmherzigkeit und die Treue. Diese Dinge aber sollte man tun und jene nicht unterlassen.

Matthäus 23,23

Im Heiligen Land wächst Minze an Gräben, Wasserläufen und in Sümpfen. Wegen ihres aromatischen Öls wird sie gewöhnlich als Gewürz, vor allem für Fleisch verwendet. Vermutlich war sie in der Vergangenheit wesentlich beliebter, als die Menschen versuchten, ihrer geschmacksarmen Nahrung etwas Aroma zu verleihen.

Von den drei Sorten *Mentha,* die in Israel wachsen, trifft man die Roßminze am häufigsten an. Sie dient als Heilpflanze, der man – aufgegossen – abführende und stimulierende Wirkung zuschreibt. Auch hilft sie als Tee gegen Kopfschmerzen und allgemeine Beschwerden. Da die Roßminze zusammen mit anderen Gewürzen erwähnt wird, ist es sehr gut möglich, daß eine der einheimischen Arten in den Gärten wuchs.

Die Roßminze ist ein ausdauerndes Kraut, 40 bis 100 cm hoch und mit kurzen Haaren bedeckt. Der Hauptstamm verzweigt sich stark in den oberen Teilen. Jeder Zweig endet in einer Ähre aus rötlichvioletten Blüten. Die Blätter sind graugrün, lanzettlich. Der Rand ist gezähnt. Wie andere Wasserpflanzen blüht sie hauptsächlich im Sommer.

Kreuzkümmel

Es bereitet keine Schwierigkeit, das hebräische *kamon* mit »Kümmel« zu übersetzen und es auch in Übereinstimmung zu sehen mit dem arabischen *kemun,* dem akkadischen *kemum* und der griechischen Übersetzung. Zweifellos ist der Mittlere Osten sein Ursprungsgebiet.

Der Kreuzkümmel ist ein einjähriges Kraut mit einem aufrechten Stengel, der sich oben verzweigt. Jeder Ast endet in einer Dolde mit kleinen Blüten. Die Blätter sind tief gekerbt. Die elyptischen behaarten Früchte bestehen aus zwei Fruchtblättern, den Kreuzkümmelsamen. Sie dienen hauptsächlich zum Würzen von Speisen und Brot. In der Volksmedizin findet Kreuzkümmel Verwendung als krampflösendes Mittel. Sein Öl ist Bestandteil von Parfümen.

Dill

Dill wird nur einmal im Neuen Testament erwähnt. Zusammen mit Minze und Kreuzkümmel taucht er in Verbindung mit der Anschuldigung auf, daß die Pharisäer sich eifrig mit den weniger wichtigen Teilen des Gesetzes befaßten und dabei die viel wichtigeren vernachlässigten. In der nachbiblischen Literatur wird Dill *sheveth* genannt. Dieses Wort ist identisch mit dem arabischen Wort *sabth.* Als seit frühester Zeit in den Ländern der Bibel bekannte Pflanze findet Dill für zahlreiche Zwecke Verwendung. Seine aromatischen Früchte, die Samen, werden als Gewürz verwendet, auch gewinnt man daraus ein ätherisches Öl. Die Blätter werden häufig zum Würzen von Pickles benutzt und die reifen Samen in der Medizin als Mittel gegen Blähungen verabreicht.

Dill wird im Garten gezogen, kommt aber auch verwildert vor, sogar als Unkraut im Getreide. Dill ist eine stämmige einjährige Pflanze aus der Familie der Doldengewächse *(Umbelifereae).* Der Stengel wird ca. einen halben Meter hoch, ist stark verzweigt und von vielen dunkelgrünen feingefiederten Blättern umgeben.

In einigen Übersetzungen der Matthäusstelle wird Dill mit Anis wiedergegeben. Das ist der Umgangsname für *Pimpinella anisum* L., einer einjährigen Pflanze mit grünlich-weißen Blüten. Sie wird in Ländern des gemäßigten Klimas als Gewürz und Geschmacksstoff angebaut. Auf jeden Fall erscheint es sehr zweifelhaft, ob Anis im biblischen Land angebaut wurde.

Roßminze *Mentha longifolia*

Kreuzkümmel *Cuminum cyminum*

Dill *Anethum graveolens*

Raute/Gartenraute

Ruta chalepensis L.

Aber wehe euch Pharisäern, daß ihr die Minze und die *Raute* und jegliches Gartengewächs verzehntet und das Recht und die Liebe zu Gott außer acht laßt. Vielmehr sollte man diese Dinge tun und jene nicht unterlassen.
Lukas 11,42

Die Raute taucht in der Bibel nur in dieser Stelle auf, und zwar unter ihrem griechischen Namen *peganon.* In der Literatur der nachbiblischen Zeit wird sie mehr als einmal als *pigam* erwähnt. *Pigam* ist nahe verwandt mit dem arabischen *fegan;* ein anderer arabischer Name dafür ist *saadab.*
Lukas zählt die Raute wie die Minze zu den Kräutern. Eine ähnliche Aussage findet sich bei Matthäus 23,23, allerdings wird dort die Raute nicht wörtlich erwähnt (siehe: Dill).

In Hausgärten wird sie häufig als Zierpflanze und als Gewürz gehalten. Sie enthält ein ätherisches Öl, das aus den Blättern und anderen grünen Teilen herausdestilliert wird. In der Medizin dient es als krampflösendes Mittel, außerdem findet es vielfältige Verwendung als allgemeines Hausmittel.
Die Raute ist eine Staude, die in Israel und anderen Mittelmeerländern in den Zwergstrauchformationen wächst. Ihre gelben Blüten und der starke Duft machen sie sehr auffällig. Es ist eine reich verzweigte Pflanze mit zahlreichen Blättern, die überall mit ölabsondernden Drüsen besetzt sind. Die Blüten bestehen aus einem grünen Kelch und 4–5 gelben, etwa 1 cm langen gefransten Blütenblättern. Die Frucht ist eine kleine Kapsel mit dunklen Samen.

Echter Schwarzkümmel

Nigella sativa L.

Denn nicht mit dem Dreschschlitten drischt man den *Dill,* und das Wagenrad führt man nicht über den Kümmel.

Jesaja 28,27

Die Übersetzung des hebräischen *ketzaḥ* mit Schwarzkümmel oder Muskatblume findet nicht nur sprachliche Unterstützung; sie wird auch gestützt durch den weitverbreiteten Brauch in nachbiblischer Zeit, die Samen auf Brot und Kuchen zu streuen, wie durch seine Verwendung als Gewürz. Die arabische und armenische Bezeichnung ist *kazḥa.* (Die Übersetzung von *ketzaḥ* mit »Dill« ist falsch.)
Der echte Schwarzkümmel ist die einzige von den 14 Arten der Gattung *Nigella,* die seit Urzeiten angebaut wird. Es ist ein einjähriges Kraut, wird etwa 30 cm hoch und hat viele feingefiederte Blätter. Die Äste enden in einer auffallenden fliederfarbenen Blüte mit 5 Kelch- und 5 Blütenblättern, vielen Staubgefäßen und wenigen Fruchtblättern. Nach der Bestäubung entwickelt sich der Fruchtknoten zu einer geschlossenen behaarten Kapsel mit zahlreichen schwarzen, eckigen Samen.

Koriander

Coriandrum sativum L.

Und die Israeliten nannten es Manna. Es war weiß wie *Koriandersamen* und hatte einen Geschmack wie Honigkuchen.

2. Mose 16,31

In der Bibel heißt es, daß das berühmte Himmlische Brot der Israeliten in der Wüste – das Manna – wie die Samen von *gad* war. Die Übersetzung von *gad* mit Koriander bereitet Schwierigkeiten, da sich sowohl vom Kontext her gesehen wie auch sprachlich Unstimmigkeiten ergeben. Die griechische Übersetzung des Alten Testaments (die Septuaginta) übersetzt *gad* mit *korion,* das eine andere Pflanze ist. Das arabische *gidda,* das mit *gad* verwandt ist, bezeichnet Wermut *(Artemisia)* und nicht Koriander. Die meisten Übersetzer ließen sich wahrscheinlich vom punischen Wort für Koriander, *goid,* das auch mit *gad* verwandt ist, leiten.
Hinzu kommt, daß Koriander in der Wüste nicht anzutreffen ist und seine braunen Körner nicht mit dem weißen Manna verglichen werden können. Manna ließe sich eher mit den weißen runden Samen oder Früchten einer der zahlreichen gewöhnlichen Wüstenpflanzen oder mit Pflanzen vergleichen, deren arabischer Name mit *gad* verwandt ist.
Koriander ist eine einjährige Pflanze aus der Familie der Umbelliferen. Er hat tief eingeschnittene Blätter und Dolden mit weißen Blüten. Die Früchte sind kugelig mit einem Durchmesser von 1–3 mm und gekrönt von einem rudimentären Blumenkelch. Alle Teile der Pflanzen haben einen starken Geruch. Koriander ist in Israel heimisch und kommt als Unkraut im Wintergetreide vor. Einst wurde er als Gewürz angebaut. Seine Blätter finden gelegentlich zum Würzen von Suppen, Süßspeisen, Curries und Weinen Verwendung. Koriander hat auch einen gewissen Heilwert.

Schwarzer Senf

Brassica nigra (L.) Koch

Und er sprach: Wie sollen wir das Reich Gottes abbilden oder unter welchem Gleichnis sollen wir es darstellen? Es ist gleich einem *Senfkorn,* das, wenn es in die Erde gesät wird, kleiner ist als alle anderen Samenarten auf Erden; wenn es gesät wird, geht es auf und wird größer als alle Gartengewächse und treibt große Zweige, so daß die Vögel des Himmels unter seinem Schatten nisten können.

Markus 4,30–32

Der Senf, den das Neue Testament nennt, ist wahrscheinlich *Brassica nigra,* woraus der schwarze Senf hergestellt wurde. Sein Anbau war lange Zeit weit verbreitet. In biblischer Zeit wurde daraus das Senfsamenöl und ein Medikament gewonnen. Ein Hinweis für die Richtigkeit der Zuordnung ist, daß es sich um die höchste Pflanze der heimischen *Sinapis*- und *Brassica*-Arten handelt, die oft 2 m und höher werden. Da sie in der Vegetation um den See Gennesaret und weiter nördlich auffallend ist, paßt sie in den Zusammenhang des Gleichnisses; auch die geringe Größe der Samen (1 mm) spricht dafür.

Das griechische *sinapis* bedeutet zweifellos »Senf«. Senf wird im Alten Testament nicht erwähnt, in der Mischna jedoch finden sich viele Hinweise.

Der schwarze Senf ist eine einjährige Pflanze mit großen Blättern, die hauptsächlich an der Basis der Pflanze stehen. Sein Hauptstengel ist im oberen Teil reich verzweigt und bringt zahlreiche gelbe Blüten hervor, woraus sich kleine mehrsamige, längliche Früchte entwickeln, die den Zweigen angedrückt sind.

3 Wilde Kräuter

In Israel hat es schon immer Viehhaltung gegeben, und die zahlreichen Berggebiete, wo kein Ackerbau betrieben werden konnte, diente in hohem Maße als Weideland. Nicht weniger als 200 Arten genießbarer Gräser finden sich hier zusammen mit anderen Kräutern, die beweidet werden können. Sogar die »Wüste« in der Bibel wird stellenweise von Auslegern eher als Weideland denn als Wildnis verstanden. Weite Gebiete des Negev und der Wüste Juda ernähren in der Tat große Herden von Ziegen und Schafen. Selbst wenn nur vereinzelt Regen fällt, finden sich überall Gräser und Kräuter: »Du lässest Gras sprossen für die Tiere und Gewächse für den Bedarf der Menschen, daß Brot aus der Erde hervorgehe« (Psalm 104,14).

Gras und Kräuter gedeihen in diesem Land, da es an der Grenze zum Waldland liegt. Große Teile der ursprünglichen Waldlandschaft wurden dazuhin durch den Menschen zerstört; hier hat sich eine sekundäre Vegetation in Form von Kräutern oder eine Halbsteppe entwickelt, die reich ist an ein- und mehrjährigen Kräutern und Gräsern. Seit frühester Zeit lieferte die Pflanzenwelt dieser Region der Bevölkerung Nahrung in Form von Gemüse. Während der Wanderschaft der Israeliten im Sinai-Gebiet bezog sich das Wort *ḥatzir* in erster Linie auf Lauch. Später veränderte sich der Begriff und stand für Weidegras oder wilde Kräuter und diente als Symbol für die Vergänglichkeit. Neben *ḥatzir* bezeichnet auch *esev* (das mehr als dreißigmal in der Bibel erwähnt wird) Kräuter, genauso wie *deshe,* offensichtlich eine allgemeine Bezeichnung für Kräuter und Grün. In der Geschichte über die Erschaffung der Welt wird das Verb *tadshe* für »Gras wachsen lassen« (1. Mose 1,11) verwendet. Das Gras und die Kräuter, welche die Erddächer der kleinen Bauernhäuser bedecken, wurden damals wie heute »das Gras der Dächer« genannt.

Küchenkräuter waren in biblischer Zeit nur vereinzelt in den Hausgärten zu finden; sie wurden normalerweise gesammelt. Zu den wenigen Hinweisen in der Bibel auf diese genießbaren Pflanzen zählen auch die folgenden Anspielungen: »Und Gott sprach: Siehe ich gebe euch alles Kraut, das Samen trägt, auf der ganzen Erde...« (1. Mose 1,29); »...und das Kraut des Feldes sollst du essen« (1. Mose 3,18).

Zu den Küchenkräutern gehört auch eine Gruppe von Pflanzen, die unter der Bezeichnung »Bittere Kräuter« (hebr. *merorim*) bekannt sind und auch heute noch von den Bauern gesammelt werden. *Merorim* ist eher ein Sammelbegriff als ein Spezialbegriff für eine ganze Pflanzengruppe – im Arabischen mit *murair* bezeichnet – und deren Verwandte. Die Mehrzahl der »Bitteren Kräuter« gehört zur Familie der *Compositeae,* deren Blätter und jungen Stengel während der Regenzeit für Salate gesammelt werden, obwohl sie im allgemeinen bitter schmecken.

Merorim (Sing. *maror*) war zur Zeit des Auszugs aus Ägypten die Bezeichnung für viele eßbare Pflanzen in der Wüste, einschließlich einiger Vertreter des Senfes. Sie wurden hauptsächlich zum Würzen des geschmacksarmen ungesäuerten Brotes *(matzoth)* verwendet. In der jüdischen Tradition symbolisierte es später die »bittere Arbeit« der israelitischen Vorfahren in Ägypten. Dieses Brot wird noch immer bei der Feier des Passamahls gegessen. Im folgenden werden nur einige Vertreter der »Bitteren Kräuter« vorgestellt und beschrieben.

Syrischer Ysop

Origanum syriacum L.

Da berief Mose alle Ältesten Israels und sprach zu ihnen: Nehmt eilends Schafe, für jede Familie eines, und schlachtet das Passa. Dann nehmt ein Büschel *Ysop* und taucht es in das Blut im Becken und streicht von dem Blut im Becken an die Oberschwelle und die beiden Türpfosten.

2. Mose 12,21–22

Er redete von den Bäumen, von der Zeder auf dem Libanon bis zum *Ysop,* der aus der Mauer wächst.

1. Könige 5,13

Entsündige mich mit *Ysop,* daß ich rein werde; wasche mich, daß ich weißer werde als Schnee.

Psalm 51,9

Da Jesus wußte, daß nunmehr alles vollbracht war, sagte er weiter, damit die Schrift vollständig erfüllt würde: Mich dürstet. Ein Gefäß voll Essig stand da. Sie steckten nun einen mit Essig gefüllten Schwamm auf einen *Ysopstengel* und hielten ihm ihn an den Mund. Als Jesus nun den Essig genommen hatte, sprach er: Es ist vollbracht, und neigte das Haupt und gab den Geist auf.

Johannes 19,28–30

Ezov bezeichnet in der Bibel eine Pflanze, mit der man, in Büscheln gebunden, die Türpfosten und den Sturz mit Blut bestrich, nachdem das Haus vom Aussatz gereinigt worden war (3. Mose 14,4), die aber auch im Kultgeschehen verwendet wurde (4. Mose 19,6). Die Übersetzung von *ezov* mit Ysop ist zwar üblich, ihre Richtigkeit jedoch nicht eindeutig bewiesen. Ein besonderer Einwand gegen diese Identifizierung gründet auf der Tatsache, daß der bekannte europäische Ysop *(Hyssopus)* weder in Israel noch auf dem Sinai wächst, während der syrische Ysop *(Origanum syriacum)* hier inmitten niedrigen Strauchwerks zumeist auf steinigem Boden reichlich vorkommt. Die Araber nennen ihn *zaatar* und verwenden ihn im Tee sowie in gekochten und gebackenen Speisen. Er wird auf den Märkten gehandelt und gilt bei den Arabern als beliebtes Gewürz.

Wegen ihrer Verwendung im Zusammenhang mit Reinigungshandlungen glaubte man, daß der Ysop-Pflanze besondere Kräfte innewohnten (Psalm 51,9). Gleichzeitig galt sie abwertend als Beispiel für winzige, aus den Mauern herauswachsende Pflanzen (1. Könige 5,13), obwohl es eine stattliche Pflanze ist, die eine Höhe von 50–80 cm erreicht und keineswegs aus den Mauern sprießt. Sie kommt außerdem in dem Sinaigebiet, wo Mose die Ältesten dazu aufrief, Bü-

schel davon zu nehmen, selten vor, obwohl häufig Bezug darauf genommen wird.
Das biblische *ezov* mit *O. syriacum* zu übersetzen, bekräftigt ein Brauch der Samariter, die das Blut des Passaopfers traditionsgemäß mit Origanum versprengen. Den Haaren auf den Stengeln sagt man nach, sie würden ein Gerinnen des Blutes verhindern, was aber nicht bewiesen ist. Die Übersetzung von *ezov* bleibt so nach wie vor problematisch.
O. syriacum ist ein gedrungener, vielstengeliger, mit grauen Haaren bedeckter Busch, der etwa 70 cm hoch wird. Die ovalen bis elliptischen Blätter sind gegenständig und ungeteilt. Die recht kleinen Blüten stehen in dichten Kolben an den Spitzen der Äste. Die Blüten, die in der Mitte des Sommers aufbrechen, sind von wolligen Deckblättern umgeben, die so lang sind wie der Kelch, der aus einer flachen behaarten Lippe besteht. Die Blütenkrone aus der die vier Staubgefäße herausragen, ist zweilippig. Die Frucht ist ein kleines Nüßchen, das im Kelch eingeschlossen ist. Es wird durch den Wind verbreitet (siehe: Dorniger Kapernbusch).

Dorniger Kapernbusch

Capparis spinosa L.

... Wenn der Mandelbaum blüht und die Heuschrecke sich mühsam hebt und wenn die *Kaper* versagt; denn der Mensch geht in sein ewiges Haus, und die um ihn klagen, ziehen auf der Gasse umher.

Prediger 12,5

Der Sinn dieser Bibelstelle ist sehr umstritten, dennoch wird das hebräische *avionah* von vielen Gelehrten mit *Capparis* oder Kapernbusch übersetzt. In der talmudschen Literatur bedeutet *avionah* ganz allgemein die Früchte (und sicher auch die großen Blütenknospen) der Kaper. Es verwundert, daß diese häufig anzutreffende nützliche und schöne Pflanze mit ihren beachtenswerten frischen Blättern und großen Blüten nur einmal in der Bibel genannt wird – und dann noch unter einem fast nicht nachweisbaren Namen. Die Mischna dagegen nennt sie *tzalaf,* was in der Bibel ein Eigenname ist (Nehemia 3,30) wie Zelofhad (4. Mose 26,33; Josua 17,3; 1. Chronik 7,15).

Tristram (1868), Balfour (1866) und andere Gelehrte halten *ezov* für den hebräischen Namen des Kapernstrauches, weil sein arabischer Name *lassaf* eigentlich *el assaf* lautet, das mit *ezov* verwandt ist. Außerdem sind sie der Meinung, daß der Kapernbusch häufiger in der Wüste anzutreffen ist als Origanum, das man heute im allgemeinen für das *ezov* der Bibel hält (siehe: Syrischer Ysop). Als Einwand wird die Tatsache vorgebracht, daß sich aus dieser dornigen Pflanze keine Zwergbüschel herstellen lassen.

Die Gattung *Capparis* umfaßt viele tropische Arten sowohl der Alten wie der Neuen Welt. In Israel kommen zwei tropische und zwei mediterrane Arten vor. Von allen werden die Blütenknospen und manchmal auch die Früchte eingelegt und gegessen.

Der Kapernbusch ist ein sich wild verzweigender Strauch, der auf dem Boden, aber auch in Steinwänden (z. B. auch der westlichen [Klage]-Mauer in Jerusalem) und auf Felsen wächst. Seine rundlichen Blätter haben zwei dornige Nebenblätter. Die großen weißen Blüten bestehen aus vier Blumenblättern, zahlreichen malvefarbenen Staubgefäßen und einem einzigen Fruchtknoten. Die Blüten, die im Hochsommer aufbrechen, werden von Schwärmern bestäubt, nachdem sie sich am Abend geöffnet haben; am nächsten Morgen sind sie verwelkt. Nach einigen Wochen entwickelt sich der Fruchtknoten zu einer fleischigen, mehrsamigen Beere, die zur Zeit der Reife aufplatzt und die Samen zur Verbreitung durch Vögel freigibt.

Malve

Malva sylvestris L.; *M. nicaeensis* All.

Rosenmalve

Alcea setosa (Boiss.) Alef.

Kann man auch Fades essen ohne Salz? Ist Wohlgeschmack im *Schleim des Dotters?* Meine Seele sträubt sich, daran zu rühren, ihr ekelt ob meiner unreinen Speise.

Hiob 6,6–7

Bibelwissenschaftler haben gute Gründe, anzunehmen, daß das hebräische *ḥalamuth* in der Hiobsstelle eine oder mehrere Arten der Gattung *Malva* und *Alcea* bezeichnet, die beide zur Familie der *Malvaceae* gehören und in Israel und seinen Nachbarländern zu Hause sind. Dies stimmt überein mit der Wiedergabe von *ḥalamith* oder *ḥalamuth* in der Mischna als einer Pflanze, die später als *malva* ins Lateinische und von Maimonides als *hitmiye (Alcea)* ins Arabische übersetzt wurde. Pflanzen beider Gattungen sind gebräuchliche Küchenkräuter, deren Blätter von der Landbevölkerung zu Beginn des Winters für Suppen und Salate gesammelt werden.
Ändert man das ursprüngliche *ḥalamuth* lautmäßig auf *laḥamuth* oder *laḥamith*, stimmt es mit dem arabischen Namen dieser Pflanze überein. Das ist sprachwissenschaftlich und vom Zusammenhang her gesehen durchaus vertretbar. Im modernen Hebräisch wird Malve mit *halamith* wiedergegeben.

M. sylvestris ist hier nicht so häufig anzutreffen wie *M. nicaeensis*, ein ca. 40 cm hohes Kraut, das sich reich verzweigt und ein dichtes Blattwerk aus rundlichen Blättern mit einem Durchmesser von 3–10 cm hat. Die Blüten sind rosa und wachsen in kleinen Büscheln aus den Blattachseln heraus. Sie öffnen sich am Morgen und schließen sich über Nacht. Bald nach der Bestäubung entwickelt sich die Frucht aus mehreren Fruchtblättern um den zentralen Stiel herum. Das Ganze sieht aus wie ein in Stücke geschnittener Kuchen.

Malve *Malva sylvestris*

Rosenmalve *Alcea setosa*

Malve *Malva nicaeensis*

Zwergzichorie

Cichorium pumilum Jacq.

Reichardia

Reichardia tingitana (L.) Roth.

Das Fleisch aber sollen sie in derselben Nacht noch essen; am Feuer gebraten sollen sie es essen, und ungesäuertes Brot mit *bitteren Kräutern* dazu.

2. Mose 12,8

Reichardia *Reichardia tingitana*

Zwergzichorie *Cichorium pumilum*

Viele Pflanzen, besonders jene, die zur Senf- und Korbblütlerfamilie gehören, werden gesammelt und als Küchenkräuter oder Salatpflanzen verwendet. Darunter befinden sich auch einige Pflanzen, die während des Auszugs aus Ägypten mit den Speisen beim Passamahl verzehrt wurden. Die Zichorie und Reichardia sind nur zwei Vertreter der Gruppe der »Bitteren Kräuter«, und vielleicht nicht einmal die wichtigsten der biblischen *merorim*.

Die Zwergzichorie gehört zu einer besonderen Untergruppe der riesigen Familie der Korbblütler und ist eine der neun mediterranen Arten der Gattung *Cichorium*. Die meisten davon wachsen an Straßenrändern und auf verwilderten Äkkern. Der Stamm ist normalerweise kurz, wird aber, sofern er nicht beweidet wird oder die Bedingungen günstig sind, bis zu 1 m hoch. Die recht großen ovalen Blätter mit ihrer deutlichen Mittelrippe und den gelappten Rändern werden als Gemüse verwendet, dienen aber auch als Futter für Rinder. Nach der Reife schließt sich der Korb der zungenförmigen himmelblauen Blüten und bedeckt so die Samen, bis der Regen kommt. Durch das Wasser weichen die Körbe auf und geben die Nüßchen zur Verbreitung frei. Diese Art ist mit der Kulturform, die als Kaffeezusatz verwendet wird, eng verwandt.

Die Reichardia ist eine Wüstenpflanze mit einer dichten Rosette mohnartiger, ganzrandiger oder gebuchteter Blätter. Sie ist fast unverzweigt und wird knapp 20 cm hoch. Die großen gelben Blütenköpfe auf den dicken Stengeln sind von vielen großen Schuppen umgeben. Nach der Befruchtung entwickeln sich die kleinen Achänen (einsamige Schließfrucht) mit ihren weißen Haarbüscheln.

Feldraukensenf

Eruca sativa L.

Da ging einer aufs Feld hinaus, um *Kräuter* zu sammeln, und er fand ein wildes Rankengewächs und las davon sein Kleid voll wilde Gurken. Und nachdem er heimgekommen war, schnitt er sie in den Kochtopf; denn er kannte sie nicht.

2. Könige 4,39

Das hebräische *oroth* kommt als Pflanze nur in diesem Abschnitt der Bibel vor. Sie wurde in der Nähe von Gilgal im Jordantal gesammelt, wo man sie besonders häufig findet. Ihre arabische Bezeichnung ist *jarjir* (Gartenrauke). Die dort heimischen Dorfbewohner oder Beduinen sammeln sie als Gemüse oder wilden Salat. Da *oroth* auch als *gargir* im Talmud vorkommt, ist mit ziemlicher Sicherheit zu vermuten, daß damit die Senfrauke gemeint ist.

Es ist jedoch unwahrscheinlich, daß die Sammler den eßbaren Senf mit dem anders aussehenden giftigen wilden Kürbis verwechselt haben könnten. So scheint es, daß *oroth* keine spezielle Pflanze ist und daß die aramäische Übersetzung mit »Gemüse« zutrifft. Diese Annahme wird zusätzlich gestützt von dem biblischen Verb *aroh,* das »sammeln«, »pflücken« bedeutet.

Die Senfrauke ist eine einjährige Pflanze der Senffamilie. Die unteren Blätter sind tief gelappt und werden als Salat gegessen. Die Blüten sind recht groß. Die Blumenblätter sind cremefarben mit deutlicher Nervatur. Die Pflanzen wurden früher wegen ihrer ölhaltigen Samen angebaut, die auch als Ersatz für Pfeffer Verwendung finden können.

4 Waldbäume und Büsche

Die Wälder Israels können nicht mit denen in feuchteren Gegenden verglichen werden. Selten waren sie hoch oder eindrucksvoll. Die Wälder in der Bibel bestanden zumeist aus niederen Bäumen oder hohen Büschen, die nur unter bestimmten Umständen die Höhe eines großen Baumes erreichten. Wenn die Bibel vom Wald spricht, so weist sie u. a. darauf hin, daß er der Zufluchtsort von wilden Tieren war – von Keilern, Löwen und Bären: »Der Eber aus dem Walde zerfrißt ihn, und das Getier des Feldes weidet ihn ab« (Psalm 80,14). Inzwischen kommen diese Tiere so gut wie nicht mehr in den Wäldern Israels vor. Das zeigt deutlich, wie der Wald im Laufe der Zeit immer mehr verdrängt wurde und somit auch seine Tierwelt fast verloren hat.

Das Abholzen der Wälder stand immer in Verbindung mit der Zunahme der landwirtschaftlichen Nutzfläche, umgekehrt hatte ein Rückgang der Landwirtschaft die Zunahme der Waldfläche zur Folge. »Da sprach Josua zum Hause Josef, Efraim und Manasse: Du bist ein großes Volk und hast große Kraft. Du sollst nicht nur *ein* Los haben, sondern Bergland soll dir zufallen; wenn es Wald ist, so rode ihn aus, und es sollen seine Ausläufer dein sein« (Josua 17,17–18). Die »große Kraft« wird hier besonders herausgestellt, da die Rodearbeiten damals – und sie sind es heute noch – sehr schwer und anstrengend waren. In dem steinigen und felsigen Boden dringen die Wurzeln tief in Spalten ein, was dem Baum selbst nach dem Fällen oder Abbrennen einen Wiederaustrieb ermöglicht. Ein Beweis dafür, daß die Waldbäume kultiviertes Land zurückeroberten, ist das Vorkommen von Wein- und Ölpressen, von Friedhöfen oder sogar von gezüchteten Bäumen inmitten dichter Waldungen.

Man weiß inzwischen, daß die heimischen Wälder nicht nur den Rohstoff für die Erzeugnisse aus Holz und das Brennmaterial im Land lieferten, sondern auch Bauholz für den Export nach Ägypten.

Das hebräische Wort für Wald, *jaar*, kommt in der Bibel etwa sechzigmal vor, wie in Jesaja 44,23: »Frohlocket, ihr Himmel, denn der Herr hat's getan! Jauchzet, ihr Tiefen der Erde! Brechet in Jubel aus, ihr Berge, du Wald mit all deinen Bäumen!« An gewissen Stellen erscheint das Wort *jaar* in Verbindung mit Ortsnamen. Das deutet offensichtlich auf Orte hin, die durch ihre großen Wälder charakterisiert waren: der Wald von Jaar-Heret (1. Samuel 22,5), der Wald von Efraim (2. Samuel 18,6), der Wald des Negev (Ezechiel 21,3). Manchmal ersetzen die Namen von Bäumen – z. B. die Zedern des Libanon oder die Eichen von Baschan – das allgemeine Wort »Wald«. *Jaar* bezeichnet an anderen Stellen auch Wildnis, z. B. ». . . wie ein Apfelbaum unter den Bäumen des Waldes« (Hoheslied 2,3), was besagen soll, daß Apfelbäume zwischen wilden Bäumen und nicht Apfelbäume wild in den Wäldern wuchsen.

Libanonzeder

Cedrus libani Loud.

Dann sandte Salomo zu Hiram, dem König von Tyrus, und ließ ihm sagen: Wie du meinem Vater David gegenüber getan und ihm *Zedern* gesandt hast, so daß er sich ein Haus bauen konnte, darin zu wohnen, so tue auch mir... Sende auch mir Zedern-, Zypressen- und Sandelholz vom Libanon; denn ich weiß, daß deine Leute es verstehen, die Bäume auf dem Libanon zu fällen.

2. Chronik 2,3.8

Ich setze *Zedern* in die Wüste, Akazien, Myrten und Ölbäume; ich pflanze Zypressen in der Steppe, Platanen und Buchsbäume dazu.

Jesaja 41,19

In biblischer Zeit waren der Libanon und große Teile des kilikischen Taurus mit Zedernwäldern bedeckt. Ein Teil davon existiert noch heute, wenn auch nicht mehr in der einstigen Ausdehnung. Die Zeder, ein Gebirgsbaum, im Winter mit Schnee bedeckt, wächst auf felsigen Böden in einer Höhe von 1500–1900 m. Die Südgrenze ihrer Verbreitung endet nicht weit von der Nordgrenze Israels, reichte aber nie bis nach Israel hinein.
Als »die Herrlichkeit des Libanon« (Jesaja 35,2) wurde sie von allen Völkern und Königshäusern des ganzen Orients gerühmt. Seit seiner frühesten Geschichte importierte Ägypten Zedernholz für Gebäude, Schiffe, Throne, Altäre usw. wegen seiner überragenden Qualität, seinem Duft und seiner Widerstandsfähigkeit. Das Holz symbolisierte Stärke, Adel und Würde. Man sah in der Zeder auch den König der Bäume; was der Löwe in der Tierwelt war, war die Zeder unter den Bäumen. Königliche Berichte aus Ägypten und Assyrien preisen das Zedernholz aus dem Libanon (2. Könige 19,23), und die Bewohner von Ugarit hinterließen dichterische Zeugnisse über den Vorrang, den es genoß. Die Verhandlungen zwischen König Salomo und Hiram, dem König von Tyrus, über Bauholz für den Tempel und andere Gebäude sind ein Beispiel für den Holzhandel in dieser Gegend. Der Erste und der Zweite Tempel in Jerusalem waren aus Zedernholz gebaut.
Erez, mehr als siebzigmal in der Bibel erwähnt, wird in allen Übersetzungen richtig mit »Zeder« wiedergegeben. Die meisten Übersetzungen beziehen sich auf die Gattung *Cedrus* und meinen damit, vor allem in Verbindung mit »Libanon«, eindeutig *C. libani* Loud. In den anderen Fällen kann es *Pinus halepensis* Mill. sein, ein gewöhnlicher einheimischer Nadelbaum. Es gibt geographische Hinweise, daß mit Zeder, wenn sie –

Alte Zeder in den Wäldern des Libanon

wie in 4. Mose 19,6 – zusammen mit Ysop erwähnt wird (»Der Priester aber nehme Zedernholz, Ysop und Karmesin und werfe es in das Feuer ...«, siehe auch 3. Mose 14,6) und in Verbindung mit der Reinigung von Aussätzigen und von Aussatz infizierten Häusern steht, Bäume gemeint sind, die der Zeder zwar ähnlich, selbst aber keine Zedern sind. Hier handelt es sich dann um bestimmte Arten der Tamariske oder des Zypressen-Wacholders.

Die schönen, hochgewachsenen Zedern des Libanon können eine Höhe von 30 m, ihre Stämme einen Durchmesser von mehr als 2 m erreichen. Sie ist ein immergrüner Nadelbaum, der zwei- bis dreitausend Jahre alt werden kann. Mit zunehmendem Alter wird aus ihrer Pyramidenform eine flache Kegelform mit dicken, weit ausragenden Ästen, die mit Büscheln von kurzen, nadelförmigen, oft bläulich-grünen Blättern bedeckt sind. Ihre männlichen und weiblichen Zapfen wachsen auf verschiedenen Ästen. Der ausgewachsene weibliche Zapfen besteht aus vielen Schuppen mit Samen an der oberen Seite. Die Zapfen sind eiförmig und zerfallen bei der Reife in einzelne Schuppen, die mit den daran haftenden Samen herunterfallen.

Junge Zedern in den Jerusalemer Bergen

Zypresse

Cupresus sempervirens L.

Kilikische Tanne

Abies cilicica (Ant. et Ky.) *Carr.*

Hoher Wacholder

Juniperus excelsa M. B.

Hiram, der König von Tyrus, hatte Salomo Zedern- und *Zypressenholz* und Gold, soviel er haben wollte, dazu geliefert.

1. Könige 9,11

Tyrus, du hast gesprochen: Ein Prachtschiff bin ich, vollendet schön. Groß machten dich inmitten des Meeres deine Erbauer, vollendet schön. Aus *Zypressen* vom Senir bauten sie dir all deine Planken.

Ezechiel 27,3–5

Tue auf, Libanon, deine Tore, daß Feuer deine Zedern verzehre! Wehklage, *Zypresse,* denn die Zeder ist gefallen, die Gewaltigen sind vernichtet!

Sacharja 11,1–2

Das biblische *berosh* (Plural *beroshim*) in den angeführten Stellen kommt mehr als dreißigmal in der Bibel vor. Es bezeichnet Nadelbäume mit kleinen schuppenartigen oder kurzen geraden (nicht so sehr nadelartigen) Blättern und meint im allgemeinen die Zypresse. Von ihr weiß man, daß sie in Israel beheimatet ist. In Galiläa und Gilead ist sie selten anzutreffen, häufiger dagegen im Hochland von Edom. Im Gebirge Juda war sie einst weit verbreitet, wie aus Pollenfunden und dem häufigen Vorkommen von Holz als Baumaterial und als Möbel bei Ausgrabungen hervorgeht. Eine Fülle von Material ist hinsichtlich der Bestimmung von *berosh* gesammelt worden. Ich halte *berosh* für einen Sammelnamen der drei oben angeführten Arten.
Immer wenn *berosh* in Verbindung mit »Libanon« oder *erez* vorkommt, bezieht es sich wahrscheinlich auf *Abies cilicica,* die kilikische Tanne, welche zusammen mit der Zeder im Libanon wächst und so eine Art Mischwald bildet oder Überreste davon. Das große Holzgeschäft zwischen König Salomo und Hiram von Tyrus enthielt sicher auch diese besondere Art der Tanne aus dem Libanon, dessen südliche Verbreitungsgrenze heute das Dorf Slenfe (etwa auf dem 34. nördlichen Breitengrad) ist.
Ein indirekter Hinweis, daß es sich bei dieser Tanne um die *berosh* des Libanon handelt, ist das akkadische Wort *burasu,* das die *Abies* bezeichnet. Nach Campbell-Thompson (1949) wurden im 9. Jh. v. Chr. von König Salmanassar Balken der *burasu* (Tanne) und *arinu* (Zeder) vom Amanus-Gebirge herbeigeschafft. Auch heute noch gibt es dort Zedern und Tannen, während die eigentliche Zypresse in diesem Gebiet bis jetzt noch nicht gefunden wurde. Die Zypresse wurde offenbar nie aus dem Libanon

Zypresse *Cupresus sempervirens*

eingeführt, vor allem deshalb, weil es genügend Zypressen im eigenen Land gab, um den örtlichen Baubedarf zu decken.
Festzuhalten ist, daß *Juniperus excelsa* (oder *J. foetidissima*), eine der eindrucksvollsten Koniferen des Libanon, die der Zeder ähnelt und in der gleichen Umgebung wächst, auch unter den Sammelnamen *berosh* fällt. Die Bewohner des Libanon nennen ihn *brotha,* ein Name, der mit dem *berothim* des Hohenliedes sicher identisch ist.
Auch das akkadische *burasu* kann sich auf *J. excelsa* beziehen, da nach Campbell-Thompson auch sie von Eilam im Zagros-Gebirge importiert wurde, wo *J. excelsa* immer noch anzutreffen ist. Es gibt einen weiteren Hinweis auf *J. excelsa* in Ezechiel 27,5: »die Zypressen von Senir«. Dieser Baum wächst auch heute noch auf dem Senir (Hermon).
Die drei Bäume haben Blütenstände in Form von Zapfen, wobei die männlichen auf den unteren Ästen, die weiblichen auf den oberen stehen. Die samentragenden Zapfen bestehen aus holzigen Schuppen, mit Ausnahme von *J. excelsa,* wo sie fleichig sind.

Kilikische Tanne *Abies cilicica*

Hoher Wacholder *Juniperus excelsa*

Eiche

Quercus ithaburensis Decne.

Q. calliprinos Webb

Da starb Debora, die Amme der Rebekka, und ward begraben unterhalb Bet-El unter der *Eiche;* dieser gab er den Namen »Klageeiche«.
1. Mose 35,8

Auf den Höhen der Berge opfern sie, und auf den Hügeln räuchern sie unter *Eiche,* Pappel und Terebinthe – ihr Schatten ist ja so lieblich.
Hosea 4,13

Und ich habe doch vor euch her die Amoriter vertilgt, deren Wuchs dem Wuchse der Zedern glich und die stark wie die *Eichen* waren.
Amos 2,9

Es gibt drei Arten von Eichen in den Wäldern und im Gebüsch Israels, von denen zwei – die gemeine, immergrüne Eiche und die Tabor-Eiche – wegen ihrer Form, ihres Alters und ihrer Verbreitung am meisten auffallen.
Beiden Arten begegnet man häufig als mächtigen Bäumen, Symbolen für Kraft und Langlebigkeit, für Stolz und Ruhm. Sie waren Gegenstand von Verehrung, Opferriten und anderer religiöser Bräuche und wurden als Bestattungsorte vornehmer Toter bevorzugt. Im täglichen Leben fand ihr Holz Verwendung zum Bau von Häusern, Schiffsrudern und anderen Geräten.
Die Eiche wurde nicht nur verehrt (in *allon* und *elon* – Eiche – klingt das hebräische Wort für »Gott« *el* an), sie war insgesamt ein beliebter Baum, und nicht ohne Grund trägt eine ganze Reihe biblischer Orte ihren Namen. Wegen des hohen Wuchses und der mächtigen Gestalt der Tabor-Eiche dürfte in der Bibel sie und weniger die gemeine Eiche gemeint sein.
Das hebräische *allon* (Plural *allonim*) oder *elon,* das häufig in der Bibel vorkommt, ist im allgemeinen mit »Eiche«, *elah* dagegen mit »Terebinthe« zu übersetzen. Diese Unterscheidung wurde von den Übersetzern nicht immer beachtet.
Alleinstehende große, alte Bäume oder reine Eichenhaine kommen noch an vielen Orten vor, was vermuten läßt, daß mindestens ein Teil der heutigen Macchie-Vegetation sich aus längst nicht mehr existierenden primären Wäldern entwickelte – eine Vermutung, die von der Tatsache untermauert wird, daß die als »heilige Wälder« verehrten reinen Eichenbestände hier auf verschiedenen Böden gedeihen. Davon ist nach der Überlieferung die Eiche Abrahams bei Hebron die älteste. Beide Arten haben lange senkrechte wie waagrechte Wurzeln, die sich mehrere Meter weit in den obersten Bodenschichten ausbreiten.
Obwohl es heute kaum noch Eichenwälder gibt, deuten einzelne Bäume und kleine Haine darauf hin, daß einst Tabor-Eichenwälder im gesamten Gebiet der Küstenebene nördlich des Yarkon, im unteren Galiläa, im Dan-Tal, in der Hule-Ebene und auf den Golan-Höhen verbreitet waren. Beurteilt man diese Art nach ihrer Verbreitung, so scheint sie, im Gegensatz zur gemeinen Eiche, nicht ausgesprochen mediterran zu sein. Eine Art im Zagros-Gebirge im Iran ist ein enger Verwandter.
Die Tabor-Eiche ist ein stattlicher blattabwerfender Baum, der bis zu 25 m hoch wird, mit einem Kronenumfang von etwa 20 m. Man nimmt an, daß sie um die 300–500 Jahre alt wird. Die Blätter sind länglich bis eiförmig und dicht behaart, die Ränder gezähnt, wobei die Zähne in einer kurzen Spitze enden. Manchmal findet der Blattfall erst spät im Winter statt, gelegentlich kommt es auch vor, daß die Blätter in besonders milden Wintern zumindest teilweise nicht abfallen. Da die Tabor-Eiche wärmere Winter braucht, beschränkt sich ihr Vorkommen auf tiefere Lagen und auf Täler. Man trifft sie nie in einer Höhe an, die 500 m NN überschreitet. Sie scheint keine Ansprüche an den Boden zu stellen, da sie auf sandigen und basaltigen Böden wie auch auf der kalkigen *Rendzina, Terra rossa* und sogar auf tiefergründigen Schwemmböden gedeiht. Dieser Baum blüht wesentlich früher

als die gemeine Eiche; bei beiden ähnlich sind jedoch die männlichen und weiblichen Blüten, die Bestäubung und die lange Zeitspanne zwischen Bestäubung und Reife der Frucht. Was die Form ihrer Eicheln angeht, so zeigt auch die Tabor-Eiche eine reiche Vielfalt.
Die Tabor-Eiche dominiert in einer Reihe von israelischen Baumgesellschaften. Sie kommt in reinen Beständen im Küstengebiet vor, ist aber in den Bergen mit einer Anzahl mediterraner Arten und an den östlichen Hängen mit Halbwüsten-Arten vergesellschaftet.
Die gemeine Eiche ist eigentlich ein Strauch, der sich bis tief nach unten hin verzweigt. Gelegentlich wird sie jedoch auch hoch und erreicht einen Stammumfang von 1–3 m. Ihre Blätter sind oval bis länglich, relativ klein, ledrig und unbehaart, ihr Rand ist dornig gezähnt. Der Baum blüht im April und entwickelt Hunderte von vielblütigen männlichen Kätzchen, die unter dem aufrechten, mit spärlichen weiblichen Blüten versehenen Kolben hängen. Die Blüten beider Geschlechter sind unscheinbar, aber der Bestäubung durch den Wind gut angepaßt. Die männlichen Blüten bestehen aus einer grünen Blütenhülle aus 5–9 Blättchen und 5–10 Staubgefäßen. Die weiblichen Blüten stehen weit auseinander und sind von zahlreichen kleinen, sich überlappenden Schuppen umgeben, die später ledrig oder holzig werden. Solange er jung ist, hat der Fruchtknoten zwei Samenanlagen in jeder Zelle, aber nur eine entwickelt sich zu einem Samen.

Tabor-Eiche *Quercus ithaburensis*

Terebinthe

Pistacia atlantica Desf.

P. palaestina Boiss.

Da gaben sie Jakob alle fremden Götter, die sie bei sich hatten, und ihre Ohrringe, und er vergrub sie unter der *Terebinthe*, die bei Sichem steht.

1. Mose 35,4

Und Josua schrieb dies alles in das Buch des Gesetzes Gottes, und er nahm einen großen Stein und richtete ihn daselbst auf unter der *Eiche* die beim Heiligtum des Herrn steht.

Josua 24,26

Der biblische Name der Terebinthe ist *elah*. Er stammt wie der der Eiche vom hebräischen *el* (Gott) ab. Sie wird mit Macht und Stärke in Verbindung gebracht und gehört zu den ältesten und am weitesten verbreiteten Bäumen, besonders im Negev, in Untergaliläa und im Dan-Tal. Wie die Eiche wurde auch die Terebinthe von den alten Hebräern und anderen Völkern verehrt und vergöttert. Terebinthenhaine waren Orte des Kultes, der Verbrennung von Räucherwerk und dienten als Grabstätten für geliebte und geschätzte Tote.

Die Terebinthe kommt in mehreren biblischen Geschichten vor. Ein Engel erschien unter einer Terebinthe (Richter 6,11); Jakob begrub Labans Götzenbilder unter der Terebinthe bei Sichem (1. Mose 35,4); Saul und seine Söhne wurden unter einer Terebinthe begraben (1. Chronik 10,12); David erschlug Goliat im »Terebinthental« (1. Samuel 17,2) und Davids Sohn Absalom

Atlantische Terebinthe *Pistacia atlantica*

starb, als sich sein Haar in den Zweigen einer Terebinthe verfing (2. Samuel 18,9).
Vier Arten von Terebinthen *(Pistacia)* sind in Israel heimisch, eine fünfte auf dem Sinai und in Edom, aber nur die beiden oben genannten Arten sind mit der Bibel in Zusammenhang zu bringen. Viele Übersetzer und Exegeten – wenig vertraut mit der Pflanzenwelt Israels und verwirrt durch das in der Bibel häufig vorkommende *elah, elon, el, alah* und *allon* – haben diese Namen immer wieder falsch verstanden und wiedergegeben. Im allgemeinen sollten *allon* und *elon* mit »Eiche«, *elah* und *alah* mit »Terebinthe« wiedergegeben werden.
Beide Terebinthenarten haben Blätter mit zwei- oder mehrpaarigen Fiederblättchen, die im Winter abgeworfen werden. Die Blüten sind klein, grün und stehen in dichten Büscheln. Männliche und weibliche Blüten kommen auf unterschiedlichen Bäumen vor. Die Früchte sind kleine wohlriechende Steinfrüchte. Die beiden Arten unterscheiden sich deutlich in ihrer Statur, den Blättern und den ökologischen Ansprüchen. Die palästinische Terebinthe ist typisch mediterran und kommt oft zusammen mit der gemeinen Eiche vor. Die *P. atlantica* ist ein Trockenland-Baum mit mäßigen Ansprüchen und wächst vorwiegend in den Grenzlagen zwischen immergrüner Waldlandschaft und Zwergbusch-Steppen. In der Bibel ist mit *elah* vermutlich die atlantische Terebinthe gemeint.

Palästinische Terebinthe *Pistacia palaestina*

Lorbeerähnlicher Schneeball

Viburnum tinus L.

Ich setze Zedern in die Wüste, Akazien, Myrten und Ölbäume; ich pflanze Zypressen in der Steppe, *Platanen* und Buchsbäume dazu.
Jesaja 41,19

Die Pracht des Libanon wird zu dir kommen, Zypresse, *Platane* und Buchsbaum zumal, daß sie die Stätte meines Heiligtums zieren, daß ich die Stätte meiner Füße ehre.
Jesaja 60,13

Alle wissenschaftlichen Anstrengungen zur genauen Bestimmung des hebräischen *tidhar* erwiesen sich bisher als erfolglos. In den beiden Jesaja-Stellen sind *tidhar* und die anderen Bäume Symbole des Wiederauflebens und -erwachens. Die gegebene Schwierigkeit läßt sich nur dadurch überwinden, daß man die zuverlässige aramäische Übersetzung des *Targum Jonathan* übernimmt, das *tidhar* mit *mornian* wiedergibt. Das wiederum ist verwandt mit dem arabischen *murran,* der einzigen arabischen Bezeichnung für *Viburnum tinus.* Jede andere Erklärung ist sprachwissenschaftlich kaum haltbar.

Der lorbeerähnliche Schneeball ist ein schöner Baum von niedrigem Wuchs, der in den Karmelwäldern wächst und treffend als der »Glanz des Karmel« bezeichnet werden kann. Oft wird er als Zierbaum gepflanzt.
Der lorbeerähnliche Schneeball ist ein immergrüner Baum, der 3–5 m hoch wird. Seine Blätter sind verkehrt eiförmig, er hat weiße Blüten, die in großen Dolden stehen. Er blüht im zeitigen Frühjahr und liefert einsamige blauschwarze Beeren.

Pinie

Pinus pinea L.

Er fällt sich Zedern, er nimmt eine *Steineiche* oder sonst eine Eiche und läßt sie für sich stark werden unter den Bäumen des Waldes.
Jesaja 44,14

Der Baum mit Namen *tirzah* kommt nur in dieser Bibelstelle vor. Viele Übersetzungen geben es mit Buche wieder, die es im Heiligen Land nie gab. Andere Übersetzungen nennen andere Bäume, ohne daß dies vom Zusammenhang her oder sprachlich begründet wäre. Etymologisch verweist die Silbe *rz* auf eine Verwandtschaft mit *erez* (Zeder). Das mag Saadja ben Josef Gaon, den ersten Übersetzer der Bibel ins Arabische (10. Jh.), dazu verleitet haben, *tirzah* mit »Pinie« wiederzugeben. Tatsächlich kommt in vielen Sprachen, auch im Arabischen, die Silbe *rz* oder *arz* in verschiedenen Koniferennamen vor. Andeutungsweise ist auch im Talmud (Rosh ha-Shanah 23 a) davon die Rede, wenn es dort heißt, daß es zehn Arten von *arazim* (Zedern) gibt. Einen indirekten Hinweis, daß es sich bei *tirzah* um die Pinie handelt, liefert Thomson (1860), bei dem es heißt, daß dieser Baum in der Küstenregion von Palästina im letzten Jahrhundert weit verbreitet war und ausgedehnte Wälder bildete. Solche Wälder kommen auch an der Ägäischen Küste und im Libanon vor (Feinbrun 1959). Die Pinienhaine oder ihre Restbestände bei Yarka in der Küstenebene von Galiläa und auf dem Berg Karmel könnten Überreste dieser alten angelegten oder wild gewachsenen Wälder sein, deren Früchte (Nüsse) massenweise exportiert worden sein sollen.

Die Pinie ist ein schöner schirmartiger Baum, der bis zu 30 m hoch wird. Der Stamm hat eine gräulich-braune Rinde, die Zweige sind gänzlich grün, solange sie jung sind, und werden mit zunehmendem Alter braun. Die Blätter erscheinen paarweise, sind 10–15 cm lang und ziemlich dick und spitz. Die glänzenden braunen Zapfen erreichen eine Länge von 8–14 cm. Die Samen sind 10–15 mm lang und etwa 7 mm breit, ungeflügelt und fallen zusammen mit den Schuppen der Zapfen aus. Sie sind eßbar und werden auf den Märkten als Pignolia Nüsse angeboten.

Aleppokiefer

Pinus halepensis Mill.

Und er machte im Allerheiligsten zwei Cherube von *Ölbaumholz,* zehn Ellen hoch ... Und als Eingang in das Allerheiligste ließ er Türflügel von Ölbaumholz machen; obere Einfassung und Pfosten bildeten ein Fünfeck.

1. Könige 6,23.31

Ziehet hinaus ins Gebirge und holet Zweige von edlen und vom *wilden Ölbaum,* Myrten, Palmen und anderen dichtbelaubten Bäumen, daß man Laubhütten mache, wie geschrieben steht.

Nehemia 8,15

Pinienwälder waren im Heiligen Land einst weit verbreitet und konnten von den Verfassern der biblischen Bücher unmöglich übersehen worden sein. Das heutige hebräische Wort für Pinie *(oren)* hat in der Bibel eine andere Bedeutung (siehe: Lorbeer). Doch *etz shemen,* das fünfmal in der Bibel vorkommt, meist zusammen mit dem Ölbaum, ist mit Pinie und nicht – wie völlig falsch übersetzt – mit Ölbaumholz oder wilder Ölbaum wiederzugeben. Einer der Gründe für diese Bestimmung von *etz shemen* liegt darin, daß in den jüdischen Dörfern des nördlichen Kurdistan, wo *P. brutia,* eine eng mit *P. halepensis* verwandte Art, natürliche Wälder bildet, wahrscheinlich seit der Zeit des Babylonischen Exils der Name *etz shemen* für Pinie erhalten geblieben ist.

Die Aleppokiefer kommt heute nicht mehr so häufig vor wie in biblischer Zeit. Da sie eine Höhe von 20 m und ein Alter von 100–150 Jahren erreicht, kann es sich bei der in der Bibel gerühmten »Pracht des Karmel« nur um den dortigen Pinienwald gehandelt haben. Die zahlreichen Reste, die in allen mediterranen Teilen Israels noch anzutreffen sind, lassen vermuten, wie weit der Baum einst verbreitet war.

Der schnellwachsende Baum stellt wenig Ansprüche. Die unteren waagrechten Äste sterben ab, wenn sie von den oberen überschattet werden. Paarige Nadeln bilden sein immergrünes Blattwerk. Wie bei den anderen Kiefern sind die Blüten in Zapfen eingeschlossen, wobei die männlichen auf den unteren, die weiblichen auf den oberen Ästen stehen. Die gelben, staubartigen Pollen werden vom Wind verbreitet und sorgen so für die Bestäubung, die 15 Monate vor der Befruchtung erfolgt. Die langflügeligen Samen sind unter den Schuppen länglicher Zapfen untergebracht. Sie öffnen sich und geben die Samen gegen Ende des zweiten Jahres frei. Die meisten der 85 Arten der Gattung *Pinus* stammen aus Amerika. Die Aleppokiefer ist jedoch rein mediterran.

Blattlose Tamariske

Tamarix aphylla (L.) Karst.

Abraham aber pflanzte in Beerscheba eine *Tamariske* und rief daselbst den Namen des Herrn an, des ewigen Gottes.

1. Mose 21,33

Dann nahmen sie ihre Gebeine und begruben sie unter der *Tamariske* in Jabesch und fasteten sieben Tage lang.

1. Samuel 31,13

Stattliche Tamarisken sind über das gesamte Sandgebiet des Negev verbreitet, wo sie von den Wüstenbeduinen wegen des Schattens, den sie spenden, und wegen der weichen und zarten Zweige, die ihren Herden als Futter dienen, angepflanzt wurden. Seit Jahrhunderten wird dieser Baum von den Dorfbewohnern der Küstenebene über Stecklinge vermehrt. In den heißen Wadis des Aravah-Tales ist er jedoch bodenständig.

Das hebräische *eshel* in den obigen Bibelstellen bezeichnet ohne Zweifel die Tamariske. Es ist mit dem arabischen *atl* oder *ethl* verwandt, den Bezeichnungen für *T. aphylla* oder eine andere Art der gleichen Gattung. Bemerkenswert ist, daß das Wort *eshel*, das ursprünglich eine bestimmte Art bezeichnete, in der nachbiblischen Literatur zu einem Allgemeinbegriff für »Bäume« wurde. In der Bibel selbst wurde das *eshel* von 1. Samuel 31,13 in der Parallelstelle 1. Chronik 10,12 durch *elah* ersetzt. Es ist erstaunlich, daß dieser Baum, von dem zwölf Arten in Israel beheimatet sind (meistens in der Wüste, in Salzmarschen und Sümpfen) seltener in der Bibel erwähnt wird als die exotische Zeder *(erez)*. Dies hängt vermutlich damit zusammen, daß die zwischen beiden bestehende äußere Ähnlichkeit dazu verleitete, auch die Tamariske mit »Zeder« zu bezeichnen, z.B. 3. Mose 14,4.

Wesentlich bekannter ist die Nil-Tamariske *(T. nilotica)*, die in fast jedem tieferen Wadi der Wüste, in der Nähe von Wasser, in Sumpf- und Moorgebieten und auf Sand wächst.

Die blattlose Tamariske ist ein reichverzweigter, immergrüner Baum, der bis zu 10 m hoch wird, einen Stammdurchmesser von 1 m erreicht und eine ovale Krone hat. Seine intensiv grünen oder gräulich-grünen Ästchen sind blattlos. Die grünen Zweigglieder führen die Photosynthese und die Transpiration aus. Die kleinen Blüten erblühen im Herbst und liefern rasch kapselförmige Früchte, die viele kleine Samen enthalten, von denen jeder mit einem Haarbüschel versehen ist. Dieser wasserverschwenderische Baum der heißen Wüste scheidet über besondere Blattdrüsen Salz aus.

Blattlose Tamariske *Tamarix aphylla*

Nil-Tamariske *Tamarix nilotica*

Akazie

Acacia raddiana Savi

Dann sollst du die Bretter für die Wohnung machen, aufrechtstehende, aus *Akazienholz.*
2. Mose 26,15

Und Josua, der Sohn Nuns, sandte von *Schittim* heimlich zwei Männer als Kundschafter und sprach: Gehet hin, besehet euch das Land und Jericho.
Josua 2,1

Die korrekte Übersetzung von *shittah* ist »Akazie«, deren Holz zum Bau der Stiftshütte Verwendung fand. Keine der anderen Akazienarten – *A. laeta, A. tortilis, A. negevensis* und *A. albida* – liefert so geeignetes Bauholz und legt sich vom Textzusammenhang her so nahe wie die *A. raddiana. A. leata* und *A. albida* kommen im Sinaigebiet, wo das Volk Israel umherzog, überhaupt nicht vor, die anderen sind dort nur selten anzutreffen und als Baumaterial ungeeignet.
Das Wort *shittim* kommt in der Bibel 24mal vor, 19mal bezieht es sich auf den Baum, 5mal auf Orte, die damit in Verbindung zu bringen sind. Daß *shittah* »Akazie« bedeutet, läßt sich auch vom arabischen *sunt* herleiten, das dem hebräischen *shittah* entspricht. *Sunt* bezeichnet bestimmte Akazienarten in Ägypten, Arabien und im südlichen Israel.
Die Worte in Jesaja 41,19: »Ich setze Zedern in die Wüste, Akazien *(shittah),* Myrten und Ölbäume ...«, lassen fragen, warum *shittah*-Bäume dort gepflanzt werden sollen, wo schon viele wachsen. Das zeigt, wie schwierig es manchmal ist, die von dem Propheten genannten vielen Pflanzen genau zu bestimmen.
Die gewöhnliche Akazie erreicht eine Höhe von 5–8 m und verzweigt sich nach oben hin. Ihre langen, scharfen weißen Dornen an den Zweigen sind die Nebenblätter. Die Blätter sind doppelt gefiedert, die sekundären Fiederblättchen klein, länglich bis elliptisch und unbehaart. Die kleinen Blüten erscheinen in kugeligen, langgestielten Köpfchen. Hauptblütezeit ist der Frühling, eine zweite Blüte folgt im Spätsommer. Die vielsamigen Früchte sind glatte, gedrehte Hülsen, die vom Baum fallen und verschiedenen Tieren als Nahrung dienen.

Phönizischer Wacholder

Juniperus phoenicia L.

Von *Aroër,* das am Ufer des Baches Arnon liegt...

5. Mose 2,36

So spricht der Herr: Verflucht ist der Mann, der auf Menschen vertraut und das schwache Fleisch zu seinem Arm macht, während sein Herz von dem Herrn weicht! Er wird sein wie der *kahle Strauch* in der Steppe, er wird nicht erleben, daß Gutes kommt.

Jeremia 17,5–6

Der phönizische Wacholder ist in den Bergen der nördlichen Sinai-Halbinsel und auf dem roten Sandstein Edoms anzureffen; in keinem der beiden Gebiete gilt er jedoch als echte Wüstenpflanze, die man einzeln und verstreut im weiten Süden vorfindet. Genausowenig wächst er in den Steppen Israels, wie es der Text wissen will. Bei einer zweiten Art von *Juniperus,* die in Israel beheimatet ist, handelt es sich um einen Waldbaum im oberen Galiläa, der hier nicht in Frage kommen kann.
Heute nimmt man jedoch an, daß diese beiden voneinander unabhängigen Vorkommen der *J. phoenicia* mit einst über den ganzen Negev verstreuten Beständen in Verbindung zu bringen sind, von denen Einzelbäume in biblischer Zeit an einsamen Stellen der Wüste überlebten. Vermutlich sind diese Bäume dann ausgerottet worden.
Die Übersetzung des biblischen *arar* mit *Juniperus* stützt sich ausschließlich auf den arabischen Namen für diese und andere Arten von *Juniperus* in mehreren arabischsprechenden Ländern.
Der phönizische Wacholder ist ein Baum oder Strauch, der gewöhnlich weniger als 5 m hoch wird, aber ein Alter von mehreren hundert Jahren erreicht. Er hat einen dicken Stamm und verzweigt sehr stark. Die Zweige tragen kleine schuppenartige, ledrige Blättchen, die sich in gegenständigen Paaren oder in Quirlform an die Äste anlegen. Ihre Unterseite zeigt eine längliche Drüse. Die Blüten sind eingeschlechtig, wobei die männlichen in aufrechten Kätzchen stehen, die weiblichen sich aus ein paar Schuppen mit je einer Samenanlage zusammensetzen. Die samentragenden Zapfen sind kugelig, lohfarben rot, beerenartig und fleischig mit 3–6 Samen.

Styraxbaum

Styrax officinalis L.

Nun nahm Jakob frische Ruten von *Weißpappeln,* Mandelbäumen und Platanen und schälte daran weiße Streifen aus, so daß das Weiße an den Ruten bloßgelegt wurde.
1. Mose 30,37

Auf den Höhen der Berge opfern sie, und auf den Hügeln räuchern sie unter Eiche, *Pappel* und Terebinthe – ihr Schatten ist ja so lieblich.
Hosea 4,13

Das hebräische *livneh* kommt nur zweimal in der Bibel vor. Bei Hosea ist damit eindeutig *S. officinalis* gemeint, der den Baum zusammen mit der Eiche und der Terebinthe nennt. Beide wachsen seit biblischer Zeit in Israels immergrünen Wäldern oder der Macchie, häufig zusammen mit dem Styraxbaum. Das arabische *libna* und *abhar* (weiß, hell) stützen diese Zuordnung. Das *livneh* in 1. Mose 30,37 ist jedoch mit *Populus alba* (Weiß- oder Silberpappel) zu übersetzen. Hier liegt ein Beispiel dafür vor, daß zwei oder mehrere Pflanzen mit ein und demselben Namen belegt werden, was in der Bibel nicht ungewöhnlich ist (siehe: Silberpappel). Styrax ist nicht mit Storax (S. 192) zu verwechseln, da ersterer kein Harz liefert. Insofern beruhen die Diskussionen über die Frage, ob man aus ihm Storax gewinnen könne, auf einem Mißverständnis.

Der Styrax ist ein blattabwerfender Baum, der 3–6 m hoch wird. Sein Stamm verzweigt sich stark. Die Blätter sind rund bis oval und etwa 5 cm lang, grün auf der Oberseite, unten weiß behaart. Die weißliche Farbe, die man aus einiger Entfernung wahrnehmen kann, gibt den Grund ab für den Namen *livneh* (weiß). Der Blattaustrieb erfolgt im März, die Blüte im April. Die auffallenden weißen Blüten ähneln denen des Orangenbaums. Sie wachsen in kleinen Büscheln, jede Blüte ist mit einem kurzen Kelch und einer 3–5 cm großen weißen, glokkenartigen Blumenkrone versehen. Die Früchte sind einsamige, harte, behaarte grüne Steinfrüchte. Die großen, giftigen Samen werden häufig von den Fischern als Betäubungsmittel beim Fischfang verwendet.

Myrte

Myrtus communis L.

Ziehet hinaus ins Gebirge und holet Zweige vom edlen und vom wilden Ölbaum, von *Myrten*, Palmen und anderen dichtbelaubten Bäumen, daß man Laubhütten mache, wie geschrieben steht.

Nehemia 8,15

Ich setze Zedern in die Wüste, Akazien, *Myrten* und Ölbäume; ich pflanze Zypressen in der Steppe, Platanen und Buchsbäume dazu.

Jesaja 41,19

Der hebräische und aramäische Name für Myrte ist *hadas*, der arabische *as* und *rihan*, der akkadische *asu*. Die Myrte zählt zu den »vier Arten«, die den Israeliten am ersten Tag des Laubhüttenfestes zu sammeln befohlen wurden.

Die Myrte war bei der Bevölkerung des Heiligen Landes in biblischer und nachbiblischer Zeit beliebt; nach ihr wurden sowohl Männer (Assa) als auch Frauen (Hadassa – wie in Ester 2,3) genannt. Ihre Zweige dienten vielfältigen Zwekken. Sie fanden Verwendung bei Verlobungszeremonien und sogar als Medizin, da ihre Blätter zwischen den Palisadenzellen ölabsondernde Drüsen aufweisen.

Im alten Griechenland spielte die Myrte eine wichtige Rolle im Ritual, in Kunst und Dichtung. Sie war Aphrodite geweiht. Verschiedentlich nimmt man an, daß der Gattungsname sich von dem griechischen *myron* herleiten läßt, das »Myrte« bedeutet (wegen des Geruchs und des hohen süßriechenden Ölgehalts). Die Myrte ist im Gartenbau auch heute noch von Bedeutung; einmal als Ziergewächs wegen der dunklen immergrünen Blätter, dann auch als Umzäunung wegen der dichten Verästelung ihrer Zweige.

Die gemeine Myrte ist eine einheimische Pflanze, die nicht nur in feuchten Ebenen wie den Ufern des Jordan und im Dan Tal wächst, sondern auch auf den Golan-Höhen, in Obergaliläa, seltener auch auf dem Karmel. Als echte Mittelmeerpflanze gehört sie zur Familie der *Myrtaceae*, die etwa 3000 Arten umfaßt und zu der etwa 100 Gattungen zählen. Die Gattung *Myrtus* umfaßt etwa hundert, hauptsächlich tropische Arten. Die *M. communis* gilt als die einzige, die außerhalb des Hauptverbreitungsgebietes der Familie vorkommt.

Es ist ein immergrüner Busch, der bis zu 2 m hoch wird, mit dichten senkrechtstehenden Ästen. Diese tragen dunkelgrüne, lanzettliche 3–5 cm lange Blätter, die gegenständig oder in Quirlen stehen. Die Myrte erblüht im Sommer. Ihre Blüten bestehen aus einem kugeligen Kelch, aus dem eine weiße, fünfzipfelige Krone mit vielen weißen Staubgefäßen herausragt. Die Frucht ist eine schwärzlichblaue Beere.

Lorbeer

Laurus nobilis L.

Er fällt sich Zedern, er nimmt eine Steineiche oder sonst eine Eiche und läßt sie für sich stark werden unter den Bäumen des Waldes. Er pflanzt eine *Esche*, und der Regen macht sie groß.

Jesaja 44,14

Die Meinung darüber, ob der Lorbeer in der Bibel erwähnt wird, ist nicht einhellig. Dennoch ist es unwahrscheinlich, daß die Schreiber der Bibel diesen Baum – oft gepriesen und gerühmt wegen seines Wohlgeruchs, seines Ölgehalts und seiner Beeren und viel verwendet als Gewürz und Heilmittel – übersehen haben sollten, zumal beim Lobpreis der Pracht des Karmel, wo er besonders häufig vorkommt. Die Übersetzung des hebräischen *oren* mit »Lorbeer« (die Zürcher Bibel übersetzt es mit »Esche«, Luther mit »Fichte«, im Neuhebräischen bedeutet es »Pinie«) erfährt sprachwissenschaftlich eine starke Stütze. Im aramäischen *Targum Jonathan* findet sich *aranye,* und der arabische Name für Lorbeerbaum ist *ar.* Hinzu kommt, daß in der nachbiblischen Literatur und bei Kommentatoren der Ausdruck *ar* oder Ableitungen davon für Lorbeer verwendet wurde. Der akkadische Name *eru* ist von Campbell-Thompson (1949) mit Lorbeer wiedergegeben.

In hohem Ansehen stand der Baum besonders im alten Griechenland, das seine Helden mit Lorbeerkränzen ehrte.

Der Lorbeer ist ein diözischer immergrüner Waldbaum, der bis zu 8 m hoch wird. Auf dem Karmel und in Galiläa wächst er auf steinigem Grund. Seine dunkelgrünen Blätter sind etwas ledrig und enthalten ätherische Öle. Die männlichen Blüten haben vier Blumenblätter und viele Staubgefäße und sind teilweise mit Nektar absondernden Drüsen ausgebildet. Die weiblichen Blüten haben wenige Staubgefäße und einen Stempel, der sich nach der Befruchtung zu einer schwarzblauen Steinfrucht, etwa in Größe einer Olive, entwickelt. Die Verbreitung erfolgt durch Vögel. Der Lorbeer wird heute gewöhnlich als Zierbaum im Garten angepflanzt. Seine Blätter dienen als Gewürz in verschiedenen Gerichten. Er ist auch unter dem Namen »wohlriechender Lorbeer« bekannt.

Efeu

Hedera helix L.

Am Fest der Dionysien zwang man sie, zu Ehren des Dionysos mit *Efeu* bekränzt in der Prozession mitzugehen.

2. Makkabäer 6,7

Der Efeu ist im heutigen Israel selten anzutreffen. Man findet ihn nur noch im oberen Galiläa und in Samarien. Einst mag er wesentlich weiter verbreitet gewesen sein. Er ist heimisch in den Wäldern der Länder mit gemäßigtem Klima und gilt als beliebte Zierheckenpflanze.
Der Efeu ist ein immergrüner, ausdauernder Kletterstrauch mit einem dicken, holzigen, sich stark verzweigenden Stamm. Er klettert mit Hilfe kurzer, zahnbürstenähnlicher Würzelchen. Die Blätter sind langstielig, dunkelgrün mit einer herzförmigen oder abgerundeten Basis und drei- bis fünffach gelappter, oval- bis dreieckiger, ganzrandiger Spreite. Die kleinen gelblich-grünen Blüten stehen in Dolden. Sie haben kleine Kelche und Blütenblätter. Die Frucht ist schwarz und rund.

Apfel von Sodom

Calotropis procera (Ait.) Ait.f.

An den See (Asphaltsee) grenzt die Landschaft von Sodom an, in alter Zeit eine glückliche Gegend wegen ihrer Früchte und des Reichtums in allen ihren Städten, jetzt aber völlig vom Feuer zerstört. Man erzählt, sie sei wegen der Gottlosigkeit ihrer Bewohner von Blitzschlägen in Brand gesetzt worden. In der Tat gibt es jetzt noch Spuren des göttlichen Feuers, auch kann man die Schatten von fünf Städten sehen. Ferner wird in den *Früchten* immer wieder Asche erzeugt: diese haben zwar eine äußere Schale, die der eßbarer Früchte gleicht, pflückt man sie aber, so lösen sie sich in den Händen in Rauch und Asche auf.

Flavius Josephus, Der jüdische Krieg IV, 8.4

Diese eigentümliche Pflanze weicht von jeder anderen Pflanzenart völlig ab. Sie bevorzugt heiße Oasen und ist in der Gegend des Toten Meeres und im unteren Jordantal häufig anzutreffen. Ihr Verbreitungsgebiet reicht vom Sudan bis ins nördliche Indien. Im allgemeinen wird sie mit ihrem arabischen Namen *osher* bezeichnet. Der Apfel von Sodom symbolisiert das verkommene und verfluchte Sodom und Gomorra. Seine abstoßenden Früchte sind fleischlos, schwülstig und dicht behaart. Der Saft der Pflanze ist giftig. In Afrika dient er als Pfeilgift.

In dem obigen Abschnitt aus Josephus' »Jüdischem Krieg« liegt der einzige Bezug zum Apfel von Sodom in der Literatur aus biblischer und nachbiblischer Zeit vor.

Der Apfel von Sodom ist ein kleiner, etwa 3–5 m hoher Baum. Die Rinde ist korkartig und enthält wie die Zweige einen milchigen Latex, der starke örtliche Reizungen verursacht. Seine dikken, meist ovalen Blätter werden bis zu 20 cm lang. Die Blüten in doldenähnlichen Blütenständen haben eine Blumenkrone von ca. 2 cm Durchmesser und fünf weißliche Lappen mit dunkelvioletten Spitzen. Die Frucht entwickelt sich rasch in zwei grüne apfelartige Körper, oft 7–10 cm dick. Die flachen Samen haben ein Haarbüschel, das es dem Wind ermöglicht, sie zu verbreiten. Das Stammholz wird zur Anfertigung von Seilen und Fischnetzen verwendet, das Vlies zum Füllen von Kissen und Matratzen.

Zedratzitrone

Citrus medica L.

Und ihr sollt euch am ersten Tage Früchte von *schönen Bäumen,* Palmzweige und Äste von dichtbelaubten Bäumen und von Bachweiden holen und sieben Tage lang fröhlich sein vor dem Herrn, eurem Gott.

3. Mose 23,40

Was bedeutet das hebräische *etz hadar,* die »schönen Bäume«, wie es in der Bibel heißt? Übersetzer und Exegeten gehen davon aus, daß es eine Citrusart ist, und zwar *Citrus medica,* deren Frucht hebräisch mit *ethrog* bezeichnet wird. Goor (1968) und Moldenke (1952) pflichten nach gründlicher Diskussion dem bei: *C. medica* wurde von Indien aus schon sehr früh in einige Länder des Nahen Ostens gebracht; in biblischer Zeit wuchs sie in Israel. Von anderer Seite wird die Meinung vertreten, daß *etz hadar* kein bestimmter Baum war. Es wird nur einmal erwähnt als eine der »vier Arten« im Zusammenhang mit dem Laubhüttenfest (3. Mose 23,40). Bei Nehemia (8,15): »Ziehet hinaus ins Gebirge und holet Zweige vom edlen und vom wilden Ölbaum, von Myrten, Palmen und anderen dichtbelaubten Bäumen, daß man Laubhütten mache, wie geschrieben steht«, fehlt der Begriff, wobei sich diese Stelle jedoch nicht auf die »vier Arten«, sondern ausschließlich auf den Bau von Hütten bezieht.

Es ist erstaunlich, daß bei Nehemia die »schönen Bäume« im Zusammenhang mit dem Laubhüttenfest nicht genannt werden, vor allem, wenn man die Meinung derer teilt, daß es die Rückkehrer aus dem babylonischen Exil waren, zu deren Führern Nehemia gehörte, über die *ethrog* zum erstenmal nach Israel gelangte.

Dieser Zitrusbaum ist klein, hat kurze Dornen und immergrüne, gezähnte Blätter. Die Blüten sind innen weiß, auf der Außenseite violettlich. Die Frucht ist oval oder länglich und zeigt ein helles Gelb. Die Fruchtschale ist sehr aromatisch, das Fleisch sehr sauer.

Ebenholzbaum

Diospyros ebenum Koenig

Die von Rhodos handelten mit dir. Viele Gestade trieben Handel für dich. Elfenbeinzähne und *Ebenholz* entrichteten sie dir als Tribut.
Ezechiel 27,15

Ebenholz ist eines der Hölzer, die als Luxusgut aus fernen Gegenden über die antiken Land- oder Seewege importiert wurden. *Hovenim* ist die hebräische und *hbu* die ägyptische Bezeichnung für das Kernholz eines schlanken immergrünen Baumes, der aus Indien und Sri Lanka stammt. Viele Arten der Gattung *Diospyros* liefern dieses kostbare Holz, das in jungem Stadium weich und weiß ist, später aber innen hart und schwarz wird. Es findet in der Kunsttischlerei und bei Drechselarbeiten Verwendung und dient der Herstellung von Ornamenten und Instrumenten. In Verbindung mit Elfenbein, das ebenfalls einen Luxusartikel darstellt, spielt der Prophet darauf an, daß beide zusammen verwendet wurden, wobei das in Ebenholz eingelegte Elfenbein einen Kontrast bilden sollte.
Ezechiel berichtet nur stichwortartig über die Handelsrouten und die Länder, mit denen Israel Handel trieb. Wir wissen nicht genau, ob Ebenholz und Elfenbein direkt aus Indien eingeführt wurden. Sicher ist aber, daß sowohl asiatische als auch afrikanische Güter nach Dedan, einem phönizischen Handelsknotenpunkt an der arabischen Küste, verschifft wurden. Worum es sich bei den in der Bibel erwähnten Importgütern jeweils genau handelte, ist nicht immer klar, was z. B. die Diskussion über die genaue Bezeichnung wertvoller Hölzer wie Ebenholz zeigt.
Der Ebenholzbaum ist ein schlanker Baum mit immergrünen Blättern und eingeschlechtigen Blüten, deren Blütenkrone glocken- oder röhrenförmig ist. Als Frucht bildet er eine fleischige Beere von etwa 2 cm Durchmesser. Es ist der innere Teil des Stammes, der schwarz ist und als »schwarzes Ebenholz« im Handel so sehr geschätzt wird.

Roter Sandelbaum/Roter Almug

Pterocarpus santolinus L.f.

Auch brachten die Schiffe Hirams, die Gold aus Ofir holten, sehr viel *Sandelholz* und Edelsteine aus Ofir mit. Und der König ließ aus dem Sandelholz Geländer machen für den Tempel des Herrn und für den Königspalast und Lauten und Harfen für die Sänger; so viel Sandelholz ist nie mehr ins Land gekommen noch gesehen worden bis auf diesen Tag.

1. Könige 10,11–12

Und sende mir Zedern-, Zypressen- und *Sandelholz* vom Libanon; denn ich weiß, daß deine Leute es verstehen, die Bäume auf dem Libanon zu fällen.

2. Chronik 2,8

Das 1. Buch der Könige berichtet, daß das wertvolle Holz des *almug*-Baumes zum Bau des Tempels und zur Herstellung der Lyren und Harfen, die von den Tempeldienern gespielt wurden, Verwendung fand. Die Herkunft des Baumes wird in der Beschreibung des Handels zwischen König Salomo und Hiram von Tyrus klar bezeugt. Es kam von weit her, wahrscheinlich über die sogenannte »Seidenstraße«, die vom Fernen Osten bis zu den Mittelmeerländern führte.

Was die Übersetzung von *almug* mit »rotes Sandelholz« betrifft, so läßt sich dies sprachlich nicht eindeutig belegen. Der frühe Handel mit diesem Baum und die Wertschätzung seines Holzes fügen sich allerdings erstaunlich gut in den Zusammenhang ein. Eine weitere Schwierigkeit ergibt sich aus der unterschiedlichen Bezeichnung des Baumes in der Bibel: *almug* und *algum*. Aus dem Zusammenhang ist jedoch zu erkennen, daß es sich um den gleichen Baum handeln muß und lediglich die Buchstaben m und g vertauscht wurden.

In den beiden Bibelstellen ist der Rote Almug gemeint, ein tropischer Baum, der nicht auf dem Libanon wächst, wo es – außer den zuvor genannten – auch keine Bäume gibt, die kostbares Holz liefern, mit Sicherheit keines, aus dem sich Musikinstrumente herstellen ließen. Um den Widerspruch aufzulösen, der sich zwischen den beiden Bibelstellen hinsichtlich der Herkunft des Holzes ergibt, sollte man den Wortlaut in 2. Chronik 2,8 wie folgt verändern: »Und sende mir Zedern- und Zypressenholz aus dem Libanon und Sandelholz.« Dies würde deutlich machen, daß der *algum*-Baum nicht aus dem Libanon stammt.

P. santolinus gehört zur Familie der Leguminosen. Die Blätter sind dreizählig mit eiförmigen Fiederblättchen, die an der Unterseite behaart und oben glatt sind. Der Blütenstand ist eine gelbe Ähre. Die Früchte sind zweisamige Hülsen. Der Baum ist in Indien beheimatet und wächst am besten im Hochland von Koromandel und in Sri Lanka, wird aber auch in Südindien und auf den Philippinen angepflanzt.

Künftige Ausgrabungen im Gebiet des Tempelberges werden sicher Aufschluß darüber geben, ob mit *almug/algum* wirklich der rote Sandelbaum gemeint ist.

5 Pflanzen an Flüssen und in Feuchtgebieten

Obwohl Israel am Rande der Wüste liegt, ist es verhältnismäßig reich an Wasserpflanzen, so im Jordantal, in der Küstenebene, längs der Flußufer und in der Nähe von Quellen und Bächen. Diese Üppigkeit ist teilweise zurückzuführen auf seine geographische Lage zwischen den gemäßigten und den tropischen Florengebieten und an der nord-südlichen Vogelzuglinie.
Es gibt mehr als zweihundert hier beheimatete Arten von Sumpf- und Wasserpflanzen. In der Bibel kommen jedoch höchstens zehn vor, trotz der Bewunderung, die man Wasserpflanzen als Symbolen für Güte und Rechtschaffenheit entgegenbrachte: »Der ist wie ein Baum, gepflanzt an Wasserbächen, der seine Frucht bringt und zu seiner Zeit und dessen Blätter nicht verwelken, und alles, was er tut, gerät wohl« (Psalm 1,3).
Wörter wie *agam* (See) oder *bitzah* (Sumpf) verweisen eindeutig auf Gebiete mit Sumpfvegetation. *Aḥu* (Wiese) bezeichnet vor allem feuchtes Land, das als Weide dient.
Feuchte Wiesen kommen in tiefen Lagen oder an Flußufern vor. Im Winter sind sie überschwemmt, im Sommer mit Gras bewachsen. Man findet sie auch am Nil und in oder in der Nähe von Sumpfgebieten. Sie liefern Gras sowie saftige Kräuter und dienen als Weide, wenn die Bergvegetation vertrocknet ist.
Die große Vielfalt macht es schwierig, bestimmte Sumpfpflanzen genau zu bestimmen. Weide, Pappel, Platane, Ulme, Oleander, Papyrus und Schilf werfen diesbezüglich jedoch keine Probleme auf.

Ulme

Ulmus canescens Melv.

Er fällt sich Zedern, er nimmt eine Steineiche oder sonst eine Eiche und läßt sie für sich stark werden unter den Bäumen des Waldes. Er pflanzt eine Esche und der *Regen* macht sie groß.

Jesaja 44,14

Das hebräische *ve-geshem yegadel* wird gewöhnlich mit »und der Regen macht sie groß« übersetzt, was inhaltlich unbegründet und unlogisch ist. Vom Zusammenhang her gesehen muß auch *geshem* eine Baumart sein wie die anderen in der Bibelstelle genau bezeichneten Bäume. *Neshem,* das arabische Wort für »behaarte Ulme« *(Ulmus),* könnte man sich ohne weiteres an der Stelle von *geshem* denken, da im Hebräischen der Buchstabe *n* leicht mit dem ähnlichen *g* zu verwechseln ist.

U. canescens ist ein bis zu 8 m hoch wachsender blattabwerfender Baum. Die Blätter sind ziemlich groß, eiförmig bis länglich mit gezähnten Rändern und langen Spitzen. Sie sind unsymmetrisch und an der Unterseite behaart. Die winzigen Blüten stehen in Kätzchen und erscheinen vor den Blättern. Die Frucht ist ein flaches, breitflügeliges Nüßchen, das durch den Wind verbreitet wird.

Die 18 Arten der Gattung *Ulmus* wachsen in feuchten und gemäßigten Klimaten. Sie werden als Weichholz verwendet. Die besprochene Art ist wahrscheinlich ein Relikt aus einer feuchteren Zeit, da sie in diesem Land nur an Flußläufen in Galiläa und Samarien vorkommt.

Morgenländische Platane

Platanus orientalis L.

Nun nahm Jakob frische Ruten von Weißpappeln, Mandelbäumen und *Platanen* und schälte daran weiße Streifen aus, so daß das Weiße an den Ruten bloßgelegt wurde.

1. Mose 30,37

...wie eine Palme zu En-Gedi schoß ich auf und wie Rosenbüsche zu Jericho; wie ein stattlicher Ölbaum in der Niederung und wie eine *Platane* am Wasser ragte ich empor.

Jesus Sirach 24,14

Die Zedern des Gottesgartens reichten nicht an ihn heran, die Zypressen kamen ihm mit ihren Zweigen nicht gleich; die *Platanen* hatten kein Geäste wie er.

Ezechiel 31,8

Es besteht kein Zweifel, daß mit *armon* die Morgenländische Platane gemeint ist. Das Wort wird im Aramäischen mit *dilba* wiedergegeben und hat als arabische Bezeichnung für Platane überdauert. Man nimmt an, daß *armon* vom hebräischen *erom* abzuleiten ist, das »nackt« bedeutet, weil die Rinde des Baumes sich leicht ablöst und so der Stamm kahle Stellen aufweist.

Die Tatsache, daß mehrere Bäche den Namen Wadi Dilb tragen, darunter auch solche, an denen die Platane heute nicht mehr vorkommt, läßt vermuten, daß der Baum früher weiter verbreitet war als heute.

Die Morgenländische Platane ist im nördlichen Israel ziemlich häufig anzutreffen, besonders in Auenwäldern. Sehr alte bis zu 20 m hohe Bäume mit oft mehr als 3 m dicken Stämmen findet man an ganzjährig wasserführenden Bächen. Im Normalfall wirft der Baum die Blätter ab. Sie sind 3–5fach gelappt und mit Haardrüsen bedeckt, die leicht abbrechen und schmerzhafte Reaktionen auf der Haut und in den Augen hervorrufen, wie Dioscurides und Galenus bemerken.

Die Blüten sind eingeschlechtig, wachsen aber auf dem gleichen Baum. Sie stehen in einzelnen, fast ungestielten Köpfen an hängenden Stielen. Die männlichen Blüten haben kleine grüne Kelchblätter und 3–8 Staubgefäße, die weiblichen haben einen kleinen Stempel. Die Bestäubung erfolgt durch den Wind, der auch die kleinen Nüßchen verbreitet.

Euphrat-Pappel

Populus euphratica Oliv.

Er nahm einen Sprößling des Landes und tat ihn auf ein Saatfeld; an reichlichen Wassern setzte er ihn als *Ufergewächs.* Da sollte er sprossen und zum wuchernden Weinstock werden, niedrigen Wuchses; seine Ranken sollten sich ihm zuwenden und seine Wurzeln unter ihm bleiben.

Ezechiel 17,5–6

An den Strömen Babels, da saßen wir und weinten, wenn wir Zions gedachten; an die *Weiden* im Lande hängten wir unsere Harfen. Denn dort hießen uns singen, die uns hinweggeführt, hießen uns fröhlich sein unsere Peiniger: Singt uns eines von den Zionsliedern!

Psalm 137,1–3

Diese Pappel ist charakteristisch für die Auenwälder am Jordan. Sie verträgt einen relativ hohen Salzgehalt im Boden und wächst ebenso wie die Dattelpalme an vielen, Brackwasser enthaltenden Quellen in der Wüste (s. auch: Weide).

Der im Talmud geführte Streit über *tzaftzafah* und das vielzitierte biblische *aravah* im Zusammenhang mit der halachischen Frage nach den vier Baumarten (eine davon war die Weide oder die Pappel), von denen Früchte und Zweige am Laubhüttenfest geholt werden sollten, ist auch später noch weitergeführt worden. Bei den »Weiden« an den Strömen Babels (Psalm 137,2) handelt es sich eindeutig um *P. euphratica,* die in der Flußvegetation des Euphrat dominiert. Die Araber nennen sie gewöhnlich *gharab* (was ein Äquivalent zum hebräischen *aravah* ist). Mit *tzaftzafah* in der Ezechiel-Stelle jedoch kann sowohl eine Pappel wie auch eine Weide gemeint sein, auch hier wiederum, weil der arabische Name für letztere *safsaf* lautet. Die Kontroverse wird jedoch verstärkt durch die Namen, die die Araber in verschiedenen Ländern dafür verwenden: alle Arten von Salix (Weide) heißen im ägyptischen Arabisch *safsaf. P. euphratica,* die meistens *hawr* (weiß) genannt wird, heißt dagegen im Irak *gharab* und bei den nordafrikanischen Arabern *safsafel abiad* oder einfach *safsaf.*

Der Grund für diese Verwirrung liegt wahrscheinlich darin, daß *P. euphratica* zwei Arten von Blättern hervorbringt: die an den jungen Trieben sind länglich und gleichen denen der Weide, während die Blätter an den älteren Teilen oval bis rautenförmig sind und denen der Pappel ähneln.

Weide

Salix alba L.

S. acmophylla Boiss.

Und ihr sollt euch am ersten Tag Früchte von schönen Bäumen, Palmzweige und Äste von dichtbelaubten Bäumen und von *Bachweiden* holen und sieben Tage lang fröhlich sein vor dem Herrn, eurem Gott.

3. Mose 23,40

Ich gieße meinen Geist aus über deine Kinder und meinen Segen über deine Sprößlinge, und sie werden sprossen wie Gras zwischen Wassern, wie *Weiden* an Wasserbächen.

Jesaja 44,3–4

Die Übersetzung des biblischen *aravah* mit Weide – ausgenommen in Psalm 137,2, wo *P. euphratica* gemeint sein muß – ist unbestritten. Weide und Euphrat-Pappel werden leicht verwechselt, wahrscheinlich weil ein Teil des Blattwerks der Pappel dem der Weide gleicht. Ein Talmud-Wort bringt das schön zum Ausdruck: daß nach der Zerstörung des Zweiten Tempels aus *aravah tzaftzafah* wurde und umgekehrt. Weidenzweige gehören zu den vier Baumarten, von denen zum Laubhüttenfest Zweige gebrochen werden sollten.

Die beiden heimischen Weidenarten sind längs der Bäche, die das ganze Jahr Wasser führen, sowie an Frischwasserquellen der Küstenebene, in den Bergen und im oberen Jordantal anzutreffen. Die zwischen den beiden Arten bestehenden Unterschiede sind oft durch Kreuzungen verwischt, doch ist *S. alba* im allgemeinen eine mehr nördliche Art, die ein kühleres Klima beansprucht als *S. acmophylla*, die wärmetoleranter ist. In den Wäldern, die sich am Jordan hinziehen, dominieren im Norden die Weiden, wo das Wasser süß ist; nach Süden hin weichen sie der Pappel, die sich als salztoleranter zeigt (siehe: Pappel).

Die Weide ist ein Baum mit länglichen, spitzen Blättern, die am Ende des Sommers abgeworfen werden. Die winzigen grünlichen Blüten stehen in Kätzchen, männliche und weibliche auf verschiedenen Bäumen. Sie erscheinen im frühen Winter und entwickeln sich zu vielsamigen Früchten, die im Frühsommer reifen.

Gemeine Weide
Salix acmophylla

Silberpappel/Weißpappel

Popolus alba L.

Nun nahm Jakob frische Ruten von *Weißpappeln,* Mandelbäumen und Platanen und schälte daran weiße Streifen aus, so daß das Weiße an den Ruten bloßgelegt wurde.

1. Mose 30,37

Der hebräische Name *livneh* im obigen Bibelabschnitt wird sowohl für Silberpappel als auch für Styrax verwendet. Der Zusammenhang in 1. Mose 30,37 schließt den Styrax-Baum aus, da das Geschehen in einer Gegend spielt, wo nie mediterrane Bäume einschließlich des Styrax-Baumes wuchsen, die Silberpappel dagegen an den Flußläufen vorgekommen sein mag, ähnlich wie auch heute noch in den Naturschutzgebieten des Dan-Tals im nördlichen Israel.

Den Namen Silber- oder Weißpappel hat der Baum wegen seiner weißlichgrauen Rinde und der weißbehaarten Unterseite seiner Blätter, die 3–5fach buchtig gelappt sind. Er ist in den Ländern des Mittleren Ostens einschließlich Syriens und des Libanon beheimatet, wo er an Flußufern und an feuchten Plätzen gedeiht und sein Weiß sich von der ihn umgebenden grünen Vegetation abhebt. Die Silber- oder Weißpappel wurde wegen ihres weichen, leicht zu bearbeitenden Holzes angebaut, aus dem man die verschiedensten landwirtschaftlichen Werkzeuge und häuslichen Geräte herstellte. Ihr gerader Stamm eignete sich sehr gut für Dachbodenkonstruktionen und wurde dafür auch in den Dörfern des ganzen Mittleren Ostens verwendet. Ob sie im nördlichen Israel beheimatet war, ist unsicher. Bis in die Mitte dieses Jahrhunderts wurde sie angepflanzt nicht nur wegen ihres Holzes und als Zierbaum, sondern auch wegen des aus ihrer Rinde gewonnenen salizinhaltigen und glukosidischen Populin, das als Stärkungs- und Fiebermittel dient.

Die Silberpappel ist ein blattabwerfender, zweihäusiger Baum mit länglichen bis rautenförmigen Blättern. Die winzigen Blüten wachsen in locker hängenden Kätzchen, die vor den Blättern erscheinen. Jede Blüte hat eine tassenförmige Scheibe an ihrem Grund und wächst aus der Achse eines Deckblattes. Die männliche Blüte hat mindestens vier Staubgefäße, die weibliche einen zweiblättrigen Fruchtknoten mit zwei oder mehr Narben. Nach der Bestäubung durch den Wind entwickelt sich der Fruchtknoten zu einer Kapsel mit vielen kleinen Samen, die einen Büschel langer, seidiger Haare zeigen. Sie ermöglichen die Verbreitung der Samen durch den Wind.

Es gibt dreißig Arten der Gattung *Populus* in den gemäßigten Klimaten. Viele davon dienen als Zierde, andere werden wegen des Holzes kommerziell genutzt. Sie lassen sich durch Zweigstecklinge leicht vermehren und wachsen rasch.

Oleander/Rosenlorbeer

Nerium oleander L.

So ging ich, wie er mir befahl, auf das Feld mit Namen *Ardat;* dort saß ich inmitten der Blumen.

4. Esra 9,26

Der Oleander wächst in Israel häufig an Flußufern, vor allem dort, wo der Boden steinig ist. In der Ufervegetation bildet er ziemlich breite Streifen aus. Er fand als Zierbaum Eingang in die Gärten, und eine Reihe von Sorten wurden aus ihm herausgezüchtet. Alle Teile der Pflanze, einschließlich des schönen Blattwerks und der Blüten, enthalten ein Gift, das schon seit Urzeiten bekannt ist und in der Heilkunst Verwendung findet.
Der Name des in der obigen Stelle des apokryphen 4. Esrabuchs genannten Ortes scheint mit dem hebräischen Namen für Oleander *ardaf* (neuhebräisch *harduf*) verwandt zu sein. In der armenischen Übersetzung des 4. Esrabuches wird *Ardat* mit *Ardab* wiedergegeben. Nachdem b und t austauschbar sind, wird auch dadurch die Identifizierung gestützt, die sich noch deutlicher vom Zusammenhang her nahelegt.
Darüber hinaus ist – nach Loew – Daphne, das in Josephus' »Jüdischem Krieg« als Ortsname im Gebiet des Dan-Tales erwähnt wird, eine Anspielung auf den Oleander, da es mit *difla,* dem arabischen Namen dieser Pflanze und dieses Ortes verwandt ist, an dem der Oleander üppig wächst: »Seine Sumpfniederungen (des Sees Semechonitis nahe der Stadt Seleukia) erstrecken sich bis in die Gegend von Daphne, die übrigens sehr üppig ist und Quellen besitzt, die den sogenannten kleinen Jordan speisen« (»Jüdischer Krieg« IV,1,1).
Die Gattung *Nerium* besteht aus drei Arten, wovon *N. oleander* die häufigste ist. Sein Stamm erreicht eine Höhe von 2–4 m. Es ist ein immergrüner Baum mit einem gut entwickelten, dicht unter der Bodenoberfläche verzweigten Wurzelwerk. Er hat zahlreiche Zweige und ist dicht belaubt. Die länglich bis eiförmigen Blätter wachsen in gegenständigen Paaren oder zu drei in einem Quirl. Sowohl Blätter als auch Zweige enthalten einen bekannten giftigen Latex. Die rosa bis weißen Blüten, die zu Beginn des Sommers erscheinen, sind trichterförmig, weit geöffnet, süßduftend und haben einen Durchmesser von etwa 5 cm. Die Frucht ist eine lange, doppelte Schote mit vielen kleinen Samen, die ein Haarbüschel tragen. Die Schoten platzen gegen Ende des Sommers und übergeben ihre Samen dem Wind.

Schilf

Phragmites australis (Cav.) Trin.

Und der Herr wird Israel schlagen, so daß es schwankt, wie das *Rohr* im Wasser schwankt.
1. Könige 14,15

... sie flochten eine Krone aus Dornen, setzten sie ihm aufs Haupt und gaben ihm ein *Rohr* in seine rechte Hand.
Matthäus 27,29

Das hebräische *kaneh* ist ein Schilf, das in Sümpfen und Mooren wächst. Hin und wieder dient das Wort als Symbol für Schwäche und Zerbrechlichkeit, da es innen hohl ist: »Siehe, du verlässest dich auf diesen geknickten Rohrstab, auf Ägypten...« (2. Könige 18,21). Ansonsten bezeichnet es aber eine Pflanzenart in Sumpfgebieten und an Flußufern.
Die Übersetzung von *kaneh* mit Schilf ist sprachlich und aus dem Zusammenhang vertretbar. Sie wird zusätzlich gestützt durch die Verwendung des Ausdrucks für »einzäunen«, »Schaft des Leuchters« (2. Mose 25,31), »Meßrute« (Ezechiel 40,5) und »Schreibrohr« (3. Johannes 13).
Aus der Geschichte des Wortes läßt sich leicht sein Gebrauch erklären. Es stammt aus dem Sumerischen und fand mit der Bedeutung »Schilf« oder »Rohr«, später auch »Meßrute«, Eingang in die semitischen Sprachen. Beide Bedeutungen wurden dann auch ins Griechische übernommen. Im übertragenen Sinne fand das Wort nach und nach Verwendung für eine besonders herausragende Regel oder Vorschrift. Die Kirchenväter des 4. Jh. wendeten als erste »Kanon« auf die Heilige Schrift an.
In Israel kommen vier Schilfarten vor. Alle haben einen langen Wurzelstock, schlanke Halme, die hohl zwischen den Nodien und ganz mit langen Blättern überzogen sind. Jeder Halm endet in einem Büschel aus Blüten. Von den vier Arten ist *Phragmites australis* die häufigste und auffallendste; auf sie wird in den obigen Bibelstellen Bezug genommen.

In biblischer Zeit lieferte das Schilf eines der im täglichen Leben vielseitig verwendeten Materialien und wurde deshalb auch in den Gärten angepflanzt. Es diente als Material für Zäune, Matten, Flöten, Meßruten, Schreibfedern und Spazierstöcke sowie für den Hausbau.

Sumpfbinse

Scirpus lacustris L.

Und der Herr hieb Israel ab Kopf und Schwanz, Palmzweig und *Binse* an einem Tag.
Jesaja 9,14

Ist das ein Fasten, das mir gefällt: ein Tag, da der Mensch sich kasteit? Daß man den Kopf hängen läßt wie die *Binse* und in Sack und Asche sich bettet?
Jesaja 58,5

Die Jesaja-Verse geben das hebräische *agmon* mit Binse wieder. *Agmon* leitet sich von *agam* her, das Teich, See oder bewachsener Sumpf, aber auch Sumpf- oder Wasserpflanze bedeutet. In den angeführten Stellen scheint *agmon* ein allgemeiner Ausdruck für Wasserpflanzen von besonderer Erscheinungsform zu sein. Verschiedentlich wurde es mit *Scirpus* wiedergegeben, jedoch ohne entsprechende Begründung. Alle anderen für *agmon* vorgeschlagenen spezifischen Pflanzennamen sind abzulehnen. Aus sprachlichen Gründen wie auch aus dem Zusammenhang scheint der Sammelname Binse doch der zutreffendste zu sein.
Unter den sechs heimischen Arten von *Scirpus* ist *S. lacustris* die auffallendste. Sie paßt auch zu der Textstelle Jesaja 58,5, da die reifen Ähren (Köpfe) der Pflanze in der Tat »herabhängen«; jedoch sind auch andere Arten der Gattung möglich.
S. lacustris, recht häufig an feuchten Stellen anzutreffen, ist ein einjähriges Gras mit einem kriechenden Wurzelstock und runden, grünen blattlosen bis zu 1 m langen Stengeln. Die Blüten sind kleine, grüne, knäuelig zusammengedrängte, langstielige Ährchen.
Wie das Schilf wurde die Sumpfbinse zum Bau von Wänden und Zwischenwänden in den Häusern verwendet. Ihr sonstiger Gebrauch kam dem des Schilfes gleich.

Rohrkolben

Typha sp.

Und da sie ihn nicht länger verbergen konnte, nahm sie ein Kästlein von Rohr, verklebte es mit Asphalt und Pech und legte das Kind darein; dann setzte sie es ins *Schilf* am Ufer des Nil... Da kam die Tochter des Pharao an den Nil herunter, um zu baden. Während nun ihre Dienerinnen am Ufer des Nil hin und her gingen, sah sie das Kästlein mitten im *Schilf*, und sie sandte ihre Magd hin und ließ es holen.

2. Mose 2,3–5

Und stinkend werden die Kanäle, seicht und trocken die Flüsse Ägyptens; Rohr und *Schilf* verwelken.

Jesaja 19,6

Die Wasser gingen mir bis an die Seele, die Tiefe umschloß mich, *Meertang* umschlang mein Haupt.

Jona 2,6

Das hebräische *suf* dürfte eher als ein Sammelname denn als eine bestimmte Bezeichnung für Wasserpflanzen verwendet worden sein. Bei Jona bezeichnet es See- oder Meertang. In 2. Mose 2,3–5 und in Jesaja 19,6 kann *suf* mit *Typha* übersetzt werden, besonders wenn es, wie bei Jesaja, in Verbindung mit *kaneh (Phragmites)* steht und so mehr den Schilf- und Rohrkolbenbeständen entspricht, die in der örtlichen Wasservegetation sehr oft zusammen auftreten.
Ein Beweis dafür, daß die Bestimmung von *suf* als *Typha* zutrifft, ist die auffallende Dominanz in den Kanälen und Zuflüssen des Nil im unteren Ägypten (wo die Pflanze angeblich *tupai* hieß), wie 2. Mose 2,3–5 und Jesaja 19,6 zu entnehmen ist. Eine Varietät von Hirse in Äthiopien, die dem Rohrkolben mit seinen langen Blättern gleicht, heißt dort *tef*, das wahrscheinlich mit *Typha* und *suf* verwandt ist.
Von den beiden Arten des Rohrkolbens ist die häufigere *Typha australis*, die in einigen Pflanzengesellschaften der mediterranen Gebiete Israels auffällt und brackiges Wasser von Quellen und Bächen auch in der Wüste gut verträgt. Es ist eine ausdauernde Pflanze, die 3–4 m hoch wird und deren Stengel in eine lange Pfahlwurzel übergehen, die sich mittels Rhizome in Sümpfen und an Wasserläufen ausbreitet. Die Pflanze hat aufrechte, bandförmige Blätter und einen langen, steckenartigen Halm, der in einem dicken Blütenkolben endet, in dem die weiblichen Blüten unterhalb der männlichen stehen. Die Früchte sind winzige Körner mit Haarbüscheln. Die Blätter werden zur Herstellung von Körben und Matten verwendet.

Papyrus

Cyperus papyrus L.

Und da sie ihn nicht länger verbergen konnte, nahm sie ein Kästlein von *Rohr*, verklebte es mit Asphalt und Pech und legte das Kind darein.

2. Mose 2,3

Wächst hoch das *Schilfrohr*, wo kein Sumpf ist? Wird das Nilgras groß ohne Wasser?

Hiob 8,11

Ha! Land des Flügelgeschwirrs jenseits der Ströme Äthiopiens, das Boten auf dem Strom (Nil) sendet in *Rohr*kähnen über das Wasser.

Jesaja 18,1–2

Das hebräische *gomeh* wird in den obigen Bibelstellen verschieden wiedergegeben. Angesichts der genannten unterschiedlichen Verwendungsmöglichkeiten kann es sich dabei nur um *C. papyrus* handeln. Die Septuaginta für Hiob 8,11 und die Vulgata für Jesaja 18,2 stützen diese Annahme. Das Wort *gemi* in der nachbiblischen Literatur ist vermutlich von *gomeh* abzuleiten und meint den Papyrus, vor allem wegen seiner auffallenden Erscheinung und seiner vielseitigen Verwendung zur Herstellung von Kästen, Matten, Seilen, Booten und besonders von Papier. Auch Fässer, Schuhe, Hütten und Kleidung wurden aus Papyrus hergestellt.

Schon seit der 18. Dynastie verwendeten die Ägypter Papyrus, um aus den langen dicken Stengeln, die außen grün sind und innen ein weißes Mark haben, Papier herzustellen. Die Stengel wurden geschält, das Mark in lange Streifen geschnitten, diese mit einem besonderen Klebstoff miteinander verbunden und danach gepreßt und getrocknet.

Israel ist die nördliche Grenze des Papyrus-Verbreitungsgebietes. Man findet diese tropische Pflanze an einigen Flußufern längs der Küste. Das Hauptverbreitungsgebiet ist jedoch das obere Jordan-Tal.

Der Papyrus gehört zur Familie der Sauergräser, die aus 3700 Arten und 70 Gattungen bestehen. Etwa 50 Arten, sowohl tropische als auch gemäßigte, finden sich in den verschiedenen Pflanzengesellschaften des Landes. *C. papyrus* ist eine tropische perennierende Pflanze mit einem dikken waagrechten Wurzelsystem, von dem aus senkrechte Wurzeln in den weichen Grund eindringen und viele Stengel hervorsprießen. Der Halm, mit kurzen, schuppenartigen Blättern an der Basis bedeckt, ist dreieckig und kann einen Durchmesser von 10 cm und eine Höhe von 2–6 m erreichen. Die Halme sind blattlos und enden in einem großen doldenartigen Blütenstand mit Tausenden von Ährchen. Das weiche Mark besteht aus weiträumigen, dünnwandigen Zellen.

6 Wüstenpflanzen

Da die Wüstengebiete etwa die Hälfte des Landes Israel bedecken, überrascht es kaum, wenn die Bibel mehrere Bezeichnungen für »Wüste« enthält, was auf die Vielfalt und Vielseitigkeit des Wüstenlandes und seiner Flora hinweist und diese unterstreicht.
Das normale hebräische Wort für »Wüste« oder »Wildnis« lautet *midbar,* das mehr als dreihundertmal in der Bibel vorkommt, neben anderen Wörtern wie *shmamah, tziah* und *yeshimon,* die ebenfalls »Wüste« bedeuten. Wenn *midbar* als Ortsname begegnet – wie *midbar Yehudah* (Wüste Juda), *midbar Sinai* oder *midbar Beer Sheva* – bezieht es sich auf bestimmte geographische Gebiete. So wie es in der Bibel verwendet wird, ist damit die ganze Reichweite von semiariden Gebieten mit ausreichend perennierender Vegetation zur Beweidung bis zur unfruchtbaren, pflanzenlosen Einöde gemeint, wo nicht einmal vereinzelter Nomadismus möglich ist und wofür *tziah* und *yeshimon* (völlig trockene und verlassene Einöde) in der Tat die angemessenen Bezeichnungen wären.
Abgesehen von seinen physikalischen und geographischen Bedeutungsinhalten wird das Wort *midbar* in der Bibel häufig auch allegorisch und in einem geistlichen Sinn verwendet, z. B. Jeremia 2,2: »So spricht der Herr: Ich gedenke dir's, wie du mir hold warst in deiner Jugend, wie du mich liebtest in deiner Brautzeit, wie du mir folgtest in der Wüste, im saatlosen Land.« In mehreren Abschnitten bricht ein religiöses Verlangen auf nach der Wüste als einem Ort, der dem Bösen, der Verderbnis von Kultur und Zivilisation entgegensteht. Die Wüste ist der Inbegriff von Ruhe, Reinheit und Heiligkeit, und während der ganzen Geschichte war sie stets eine beliebte Zufluchtsstätte verfolgter Könige, Propheten und Einsiedler, die ein Leben in Abgeschiedenheit und Frieden suchten: »O daß ich eine Herberge hätte fern in der Wüste! So wollte ich mein Volk verlassen, wollte von ihnen gehen« (Jeremia 9,2). So öde, einsam und verlassen die Wüste auch ist, sie gibt Trost und Hoffnung an einem Ort, an dem man sich am Tag der Erlösung freuen wird, der blühen, bewohnt und bepflanzt sein wird.
Die Meinungen darüber, was die Wüsten von Halbwüsten, Steppen, Halbsteppen u. ä. unterscheidet, gehen auseinander. Es gibt keine klaren Unterscheidungsmerkmale. Doch echte Wüsten haben eines gemeinsam: in ihnen ist menschliches Leben auf die Dauer nicht möglich, da die geringen Niederschläge nur spärlichen oder gar keinen Pflanzenwuchs zulassen.
Selbst in einer echten Wüste können jedoch Pflanzen in Senken und trockenen Flußläufen wachsen, wo geringe Mengen an Regenwasser sich sammeln oder wo das Wasser aus höher liegenden Teilen der Umgebung zuläuft. Dieser Art ist ein Teil der Zin-Wüste, deren Rinnen durch sporadische, aber starke Fluten entstanden sind, die den Boden erodierten und so im Lauf der Zeit tiefe, schüsselförmige Täler bildeten. In der Talsohle besteht die permanente Vegetation aus baumartigen Ginstersträuchern, Tamarisken und anderen Bäumen und Sträuchern, die im folgenden Kapitel dargestellt werden. In diesem Wadi und

anderswo findet man junge Oasen, wo Pappeln, wilde Dattelpalmen und etwas seltener auch Akazienbaumgruppen gedeihen.
An anderen Stellen wie Senken und Berghängen wächst eine Vielzahl von Wüstensträuchern. Erstaunlich ist, daß diese Pflanzen, die sicher nicht unbeachtet geblieben sein können, in der Bibel überhaupt nicht erwähnt werden. Ich bin der Meinung, daß dies möglicherweise doch der Fall ist – wenn nicht direkt als Pflanzen, so doch als Eigen- und Ortsnamen.

Sennabusch

Cassia senna L.

Und der Engel des Herrn erschien ihm in einer Feuerflamme, die aus dem *Dornbusch* hervorschlug. Und als er hinsah, siehe, da brannte der Busch im Feuer, aber der Busch ward nicht verzehrt. Da dachte Mose: Ich will doch hinübergehen und diese wunderbare Erscheinung ansehen, warum der Dornbusch nicht verbrennt. Und der Herr sah, daß er herüberkam, um nachzusehen. Und Gott rief ihm aus dem Dornbusch zu: Mose! Mose! Er antwortete: Hier bin ich.

2. Mose 3,2–4

Und als vierzig Jahre um waren, erschien ihm in der Wüste des Berges Sinai ein Engel in der Flamme eines *Dornbusches.*

Apostelgeschichte 7,30

Unabhängig von der Frage, ob es sich bei der Gottesoffenbarung des Mose um einen übernatürlichen Vorgang handelte oder nicht – mit *sneh* kann sehr wohl eine Pflanze gemeint sein, die es in der dortigen Flora gab. Da der Text keinerlei Hinweise darüber gibt, daß *sneh* ein dorniger Strauch war und weder auf dem Sinai noch sonstwo Pflanzen wachsen, die nicht vernichtet werden, wenn man sie verbrennt, läßt sich *sneh* nur sprachlich identifizieren.
Es gibt nur eine Art mit einem ähnlich klingenden arabischen Namen: *sene (Cassia senna).* Diese Zuordnung wurde jedoch von Bibelforschern überwiegend verworfen, da sie der Auffassung sind, *sneh* sollte mit »Brombeere« *(Rubus sanguineus)* übersetzt werden. Dies stimmt mit der nachbiblischen Literatur, besonders der exegetischen, überein, die annimmt, daß es sich bei *sneh* um einen dornigen Busch handelt. Tatsache ist, daß die Übersetzung von *sneh* mit *Rubus* nur auf der aramäischen Übersetzung von *sneh* mit *sania* beruht, das eine bestimmte *Rubus*art bezeichnen kann.
Sania scheint eine reine Aramäisierung von *sneh* zu sein, da der Übersetzer sicher keine Ahnung von der Sinai-Pflanze hatte, die Hunderte von Kilometern fern seiner Heimat wuchs. Obwohl *sania* eine *Rubus*art sein kann, findet sich keine heimische *Rubus*art auf dem Sinai oder in Ägypten, nicht einmal im südlichen Israel. Diese Tatsache spricht sehr gegen ihre Identität mit *sneh.* Die Brombeere im Garten des Klosters von Santa Caterina auf dem Sinai ist eine Kulturform, die von den Mönchen gepflanzt wurde ganz in dem Glauben, daß der »brennende Busch« seit der Gottesoffenbarung dort wuchs – ein Zeichen dafür, wie ausschließlich *sneh* mit Brombeere gleichgesetzt wird.
Die Botaniker Moldenke und Tristram verwerfen die Brombeere zugunsten von *Acacia nilotica,* die arabisch *sunt* heißt. Bedenkt man aber, daß es *A. nilotica* auf dem Sinai nicht gibt und vermutlich dort auch nie wuchs, so ist diese Identifizierung weniger wahrscheinlich als die mit *Cassia senna.* Die Annahme von Fonck, daß

sneh der auf den Sinaibergen wachsende Hagedorn sein könnte, liegt viel näher, vielleicht weil seine karmesinroten Früchte den Eindruck einer Flamme erwecken können. Aber auch dafür gibt es keine sprachliche Untermauerung.
Andere Forscher, z. B. Smith, weisen darauf hin, daß der brennende Busch ein von der karmesinrot blühenden Mistel wie *Loranthus acaciae* befallener Akazienstrauch gewesen sein könnte. Doch das ist genauso imaginär zu bewerten wie die Vermutung, es sei die Brombeere gewesen. Eine andere Pflanze, die in Frage kommen könnte, ist ein Strauch *Colutea istria*, der auf dem Berg Sinai wächst und im Frühling mit gelben Blüten dicht bedeckt ist. Sprachlich läßt sich aber auch hier nichts beitragen.

Aus allem folgt, daß es sich bei *sneh* aller Wahrscheinlichkeit nach um *Cassia senna* handelt, der in allen arabischsprechenden Ländern *sene* heißt.
Der Sennabusch wird etwa 1 m hoch. Die Zweige und Äste sind mit fiederförmigen Blättern dicht besetzt, die aus 3–7 länglichen, spitzen Blättern bestehen. In den Achseln der oberen Blätter entwickeln sich Trauben großer gelber Blüten, die gerade oder leicht gebogene vielsamige Hülsen hervorbringen.
Als tropische Pflanze braucht sie Wärme. Sie wächst in steinigen Wadis sowohl auf dem Sinai als auch im südlichen Israel. In der Medizin ist sie als Stimulans und als Abführmittel unter dem Namen *folia sennae* bekannt.

Einige Forscher halten den gemeinen Hagedorn *(Crataegus sinaica)* – auf dem linken Foto am Fuß des Moses-Berges auf dem Sinai aufgenommen – für den biblischen Sennabusch. Wahrscheinlicher jedoch ist, daß in der Bibel *Cassia senna* (unten) gemeint ist.

Manna

Da sprach der Herr zu Mose: Siehe, ich will euch *Brot* vom Himmel regnen lassen; dann mag das Volk hinausgehen und sich Tag für Tag seinen Bedarf sammeln. Damit will ich sie auf die Probe stellen, ob sie nach meiner Weisung wandeln wollen oder nicht.

2. Mose 16,4

Und die Israeliten nannten es *Manna.* Es war weiß wie Koriandersamen und hatte einen Geschmack wie Honigkuchen.

2. Mose 16,31

Da sagten sie zu ihm: Was tust nun du für ein Zeichen, damit wir es sehen und dir glauben? Was wirkst du? Unsere Väter haben in der Wüste das *Manna* gegessen, wie geschrieben steht: Brot aus dem Himmel gab er ihnen zu essen.

Johannes 6,30–31

Was war das »Brot vom Himmel«?

Es ist angebracht, an dieser Stelle die Frage nach dem biblischen Manna zu stellen, gleichwohl es in den Bereich der Wunder gehört; doch Wunder können oft tief in der Wirklichkeit verwurzelt sein. Das Wunder vom Fleisch, das die Israeliten in der Wüste fanden, ist durch folgende Tatsache zufriedenstellend erklärt: Schwärme von Wachteln fliegen, damals wie heute, über das Mittelmeer. Wenn sie den Sinai erreichen, sind sie so erschöpft, daß sie leicht zu fangen sind. Das Wunder des Manna ist jedoch weniger leicht zu verstehen. Alle Versuche, es dem Übernatürlichen zu entziehen und eine natürliche Erklärung dafür zu finden, waren vergeblich und verwiesen zurück auf den Namen *man,* der »Was?« bedeutet, oder auf *man-ha:* »Was ist das?«
Einem Versuch, es als Flechte einer bestimmten Art von *Lecanora,* die im Sinai nie gefunden wurde, zu identifizieren, folgte die Hypothese, daß es sich um eine andere Flechte – *Collema* – handle, deren Klumpen nachts schleimig und am Morgen trocken sind. Diese Annahmen haben nicht den geringsten Anhaltspunkt.
Flueckiger (1891) war einer der ersten, die darauf hinwiesen, daß Manna eine süße Ausscheidung von kleinen schuppigen Insekten sein könnte, die sich von Tamarisken und anderen Bäumen ernähren. Die Expedition von Bodenheimer und Theodor (1927) zeigte, daß es sich bei dem fraglichen Insekt um *Trabulina mannifera* oder *Najacoccus serpentina* handelt. Sie scheiden eine süße Flüssigkeit aus, die schnell trocknet und dann zu Boden fällt und von den Beduinen als Ersatz für Zucker oder Honig gesammelt wird.

Lange Zeit nahm man an, daß das die wissenschaftliche Erklärung für das »Brot vom Himmel« sei. Da aber die Aktivität dieser Insekten zeitlich begrenzt ist, die Zahl der Tamarisken im Sinai gering, die der Wüstenwanderer aber groß war, bleibt die Geschichte vom Manna mysteriös und legendär, trotz der Tatsache, daß die Ausscheidung auch bei einigen anderen Pflanzen gefunden wurde: *Anabasis setifera, Capparis cortilaginea, Gomphocarpus sinaicus* und vor allem *Hammada salicornica,* die im südlichen Sinai weit verbreitet ist. A. Danin (1927) beschreibt, wie ihre süße Ausscheidung von den Beduinen gesammelt und als Kuchenbeigabe verwendet wird. Doch selbst wenn man alle diese Möglichkeiten zusammennimmt, konnte dies für das durch die Wüste ziehende hungrige Volk nicht viel mehr als ein kleiner Leckerbissen gewesen sein.

Das biblische Manna hielt man für die süße Ausscheidung eines kleinen schuppigen Insekts, das von den Zweigen der Nil-Tamariske (*Tamarix nilotica,* unten) lebt. Einige Forscher glauben, daß die süße Flüssigkeit auf den Zweigen der weißen Hammada *(Hammada salicornica),* die im südlichen Sinai weit verbreitet ist, das biblische Manna ist. Die Beduinen nennen diese süße Ausscheidung *man rimth* und verwenden sie als Süßstoff.

Ginster

Retama raetam (Forssk.) Webb

Er selbst aber ging in die Wüste, eine Tagereise weit, und als er hingekommen, setzte er sich unter einen *Ginsterstrauch.* Da wünschte er sich den Tod und sprach: Es ist genug! So nimm nun, Herr, mein Leben hin, denn ich bin nicht besser als meine Väter.

1. Könige 19,4

Durch Mangel und durch Hunger ausgedörrt, benagen sie die Steppe und die Wüstenei. Sie pflückten ab die Melde am Gesträuch, und ihre Speise ist die *Ginsterwurzel.*

Hiob 30,3–4

Das hebräische *rothem* bezeichnet den weißen Ginster, einen hohen Busch, der in der Sahara und in den Wüsten Israels und Arabiens häufig vorkommt. Eine Varietät, deren Hülsen fleischig sind, wächst im Küstensand Israels.
In den Wüsten ist der weiße Ginster hauptsächlich auf sandige Böden und kurzlebige Wasserläufe, im östlichen Samarien auf steinige Berghänge beschränkt. In der glühenden, baumlosen Wüste vermag er genügend Schatten zu spenden. Seine Wurzeln, die ein hervorragendes Brennmaterial zum Kochen und Heizen darstellen, sind ausgesprochen lang und ermöglichen es der Pflanze, bis zum Grundwasser hinabzureichen, das sie selbst in den trockendsten Monaten und über aufeinanderfolgende regenlose Jahre hin überleben läßt.
Der weiße Ginster hat einen kurzen Stamm, der sich vom Fuß an in starre, aufrechte, rutenartige Äste verzweigt. Im Winter entwickelt er einige haarige Blätter, die nach wenigen Wochen abfalllen. Die Photosynthese wird dann von den zahlreichen grünen oder silbergrauen gefurchten, blattlosen Zweigen übernommen. Weiße Blüten bedecken die Zweige im Frühling und geben dem Busch ein schneeballartiges Aussehen. Es sind dies typische Schmetterlingsblüten, die von Bienen bestäubt werden. Die Früchte sind ein- oder zweisamige Hülsen, die, wenn sie reif sind, abfallen, sich aber nicht öffnen.

Halimus/Strauchmelde

Atriplex halimus L.

Sie pflückten ab die *Melde* am Gesträuch, und ihre Speise ist die Ginsterwurzel.

Hiob 30,4

Die Stelle Hiob 30,4 ist nicht leicht zu verstehen. Denkbar und akzeptabel wäre auch die Lesart: »Sie pflückten die Blätter der Melde und des Wermut...« Die Übersetzung von *maluaḥ* mit »Melde« stützt sich auf die Tatsache, daß Hiob sich auf die Wüste bezieht, wo die Melde verbreitet ist. Es kommt hinzu, daß bestimmte *Atriplex*arten im Arabischen mulaḥ heißen und in Notzeiten sowohl den Hirten als auch deren Herden als Nahrung dienen.

Die buschartige Melde gehört zu den häufigsten Wüstenpflanzen. Sie wächst als Unkraut an salzigen Quellen, an trockenen Bachufern und in Oasen. Sie ist 1–2 m hoch, schlank und verzweigt sich von unten an. Stamm und Zweige tragen ovale, silbergraue Blätter, deren Oberflächen mit feinen, bläschenartigen Haaren versehen sind. Die kleinen Blüten stehen in ährenartigen Blütenständen mit den männlichen Blüten neben den weiblichen. Die Früchte sind kleine Nüßchen, die von zwei ledrigen Schuppen umschlossen sind.

Behaarte Spatzenzunge

Passerina hirsuta L.

Und von Beer zogen sie nach *Mattana,* und von Mattana nach Nahaliel...

4. Mose 21,18–19

In der aramäischen Übersetzung des Pantateuch wird Mattana in 4. Mose 21,18 mit *Matnan* wiedergegeben, das einen Ort in der Wüste bezeichnet. Es könnte aber auch mit dem arabischen *mitnan,* dem Namen für *Passerina hirsuta,* identisch sein. Eine solche indirekte Identifizierung, die es zuläßt, diese wichtige Art in die Flora der Bibel aufzunehmen, ist in der Tatsache begründet, daß *matnan* oder *mitnan* häufig in trockenen Wadis und anderen Wüstenhabitaten anzutreffen ist und im modernen Hebräisch so lautet. Verwandt damit sind wahrscheinlich auch die Eigennamen Etnan (1. Chronik 4,7), Mattenai (Nehemia 12,19) und Mattan (Jeremia 38,1). Diese Vermutung stützt sich darauf, daß viele Pflanzennamen in der Bibel als Eigennamen auftauchen, die ihre Entsprechung oder verwandten Begriffe in der arabischen Sprache haben und dort erhalten geblieben sind.

P. hirsuta ist ein zweihäusiger Strauch, 1 m hoch, immergrün und stark verzweigt. Er ist mit kleinen schuppenförmigen Blättchen, die an der Unterseite grün und an der Oberseite wollig weiß sind, dicht bedeckt. Aus seinen sehr zähen Stämmen und Ästen fertigen die Beduinen harte Pfähle. Die Pflanze bringt kleine gelbe Blüten und unscheinbare Nüßchen oder Früchte hervor. Der Busch ist häufig in Steppen und in Pflanzengesellschaften der Wüste anzutreffen.

Gegliederter Anabasis

Anabasis articulata (Forssk.) Moq.

Die Söhne Gads: Zephon, Haggi, *Suni*, Ezbon, Eri, Arodi und Areli.

1. Mose 46,16

Das arabische *ushnan* oder *shenan* und *agram* für *A. articulata* sind mit den biblischen Eigennamen Schuni (oder Aschna) und Hagarmi (1. Chronik 4,19) verwandt. Der Autor glaubt, daß es hebräische Namen für eine über Hunderte von Kilometern der Wüste Juda, des Negev, Edoms und anderswo vorherrschende Pflanzenart gegeben haben muß und daß diese Namen, die in der Flora der Bibel keinen Platz gefunden haben, im Hebräischen als Eigennamen, im Arabischen als Pflanzennamen überdauerten.
A. articulata ist ein sich wirr verzweigender Zwergbusch mit blattlosem Stamm und Ästen, die aus sehr fleischigen Gliedern bestehen. Sie sind zuerst grün, verholzen und trocknen aber nach 1–2 Jahren. Kleine grüne Blüten wachsen in den Achseln der oberen Äste. Sie erscheinen im zeitigen Winter, und häufig entwickeln sich daraus kleine Früchte, die in der grünen Blütenhülle eingeschlossen sind. Der fruchtende Kelch hat weiße oder rosa membranartige Flügel, die die Wüste zu Beginn des Winters verschönen, aber vom Wind verweht werden. Die 25 Arten der Gattung *Anabasis* sind über die Sahara, das nördliche Arabien und die Wüsten Zentralasiens verbreitet. Einige enthalten neben anderen Substanzen auch das medizinisch wichtige Alkaloid Anabasin.

Buschiges Jochblatt

Zygophyllum dumosum Boiss.

Und sie brachen von Mara auf und kamen nach *Elim,* wo zwölf Wasserbrunnen und siebzig Palmen waren, und sie lagerten sich daselbst. Und sie brachen von Elim auf und lagerten sich am Schilfmeer.

4. Mose 33,9–10

Z. dumosum wächst Hunderte von Quadratkilometer weit in den Wüsten Israels und gewissen Gebieten des Sinai, so daß die durch die Wüste ziehenden Israeliten den Strauch wohl kaum übersehen haben konnten. Da die Pflanze in der Bibel nicht direkt erwähnt wird, nehme ich an, daß Elim, das mehrmals als Ortsname im Sinai begegnet, sein hebräischer Name ist, verwandt mit dem arabischen *illam (Zygophyllum dumosum).*

Zygophyllum gehört zu jenen eigentümlichen Wüstenpflanzen, die mehrere Jahre hintereinander ohne Regen leben können. Sie verlieren dabei kräftig an Substanz, indem sie Nebenäste abwerfen, die aber zumindest teilweise noch über lebende Zellen verfügen. Wenn dann Regen fällt, treiben sie neu aus und erholen sich. Dieser relativ kleine Strauch erreicht ein hohes Alter; man fand Exemplare, deren Stämme über 300 Jahresringe aufweisen – nicht gerechnet die Trockenjahre, in denen kein Regen fiel und sich auch keine Ringe bilden konnten.

Z. dumosum ist ein immergrüner holziger, etwa 1 m hoher Strauch mit einem flachen, aber stark verzweigten Wurzelsystem, einem sehr kurzen Hauptstamm und zahlreichen Seitentrieben. Die kleinen succulenten Blätter haben einen zylindrischen Blattstiel und zwei längliche Blättchen, die zu Beginn der Trockenzeit abfallen. Die weißen Blüten erscheinen im zeitigen Frühjahr am neueren Holz. Sie bestehen aus je fünf auffallenden Kelch- und Blumenblättern. Die Früchte sind geflügelte, mehrsamige Kapseln, die aufspringen.

Weißer Saxaul

Haloxylon persicum Bge.

Und Lamech sprach zu seinen Frauen: *Ada* und Zilla, hört meine Rede, ihr Weiber Lamechs, vernehmt meinen Spruch!

1. Mose 4,23

Außer den sieben Hinweisen auf Ada, eine der beiden Frauen Lamechs, erwähnt die Bibel noch andere ähnlich klingende Eigennamen wie Ido, Adajah und Adiël. *Ada* in arabisch bedeutet »Saxaul«, eine Pflanze, die in den sandigen Wüsten im nördlichen Arabien, Edoms, im Aravah-Tal und im Sinai häufig anzutreffen ist. Adada ist ein Ort im nördlichen Negev, der durchaus Bezug zu der Pflanze haben kann. Daneben bezeichnen die Araber mit Ada eine Oase im Aravah-Tal (En Adian, Yotvatha), wo die Pflanze sehr häufig vorkommt.

H. persicum, dem weißen Ginster ähnlich, gehört zur Familie der *Chenopodiaceae,* die in Wüstengebieten reich vertreten sind. Er ist blattlos, die fleischigen grünen Zwischenknoten des Stammes und der Äste fungieren als Organe der Photosynthese. Er blüht im Frühling. Die kleinen Früchte sind im geflügelten Kelch eingeschlossen. Er ist in den mittel- und zentralasiatischen Wüsten besonders häufig und dient dort als Schattenspender, als Brennmaterial für Wüstenreisende und als Kamelfutter.

Sode

Suaeda spp.

Ashur aber, der Vater Tekoas, hatte zwei Frauen, Helea und Naara.

1\. Chronik 4,5

Schamscherai, *Scheharja*, Atalja.

1\. Chronik 8,26

Die beiden Eigennamen aus dem Chronikbuch stammen vermutlich vom hebräischen *shaḥor* ab, das »schwarz« bedeutet. Der arabische Name für viele Arten der Gattung *Suaeda* ist *suweda* oder *suaid* (schwarz). Der dänische Botaniker Førsskål latinisierte den Namen in den Gattungsnamen *Suaeda.* In Israel sind etwa zehn Arten der Sode nachweisbar, die fast alle in der Wüste wachsen, besonders auf salzhaltigen Böden. Sie sind so zahlreich und auffallend, daß man sie kaum übersehen kann. Doch obwohl salzige Wüsten dreimal in der Bibel mit *mleḥah* (Jeremia 17,6; Hiob 39,6; Psalm 107,34) erwähnt werden, fehlt jeglicher Hinweis auf die Namen der Pflanzen, die dort wachsen. Da *Suaeda*-Arten die wahrscheinlich charakteristischsten in einer Salzvegetation sind, kann man davon ausgehen, daß die Bevölkerung um ihre wie auch die Existenz anderer salztoleranter Pflanzen wußte und auch deren Namen kannte, was wiederum aus den Eigennamen in den oben angeführten Bibelstellen hervorgeht.

Die Pflanze ist ein perennierender Busch mit stark verzweigtem Stamm und kleinen zylindrischen und halbzylindrischen, sehr fleischigen Blättern. Die Blüten sind grün und unscheinbar. Sie enthalten fünf Staubgefäße und einen kleinen Fruchtknoten. Die Frucht ist ein einsamiges Nüßchen, das in einem kleinen Kelch eingeschlossen ist.

Eine der auffallendsten Arten ist *S. monoica* Forssk. mit baumartiger Statur, die sich über weite Strecken des südlichern Aravah-Tals und der Salzquellen des Toten Meeres erstreckt.

Hammada

Hammada salicornica (Moq.) Iljin

H. scoparia (Pomel) Iljin

Ja, wenn du dich schon wüschest mit *Lauge* und noch so viel Seife dir nähmest – der Schmutzfleck deiner Schuld bleibt doch vor mir, spricht der Herr.

Jeremia 2,22

Seife in der Bibel – *borit* oder *bor* – wurde durch Mischen von Asche bestimmter Pflanzen mit Olivenöl hergestellt. Die weiße und die schwarze Art von Hammada und eine Reihe anderer Arten aus der Gänsefuß-Familie dienen schon lange als Lieferanten von Kalium zur Seifenherstellung. Auch heute noch werden Hammada und Anabasis auf den Märkten der größeren Städte im Orient zum Verkauf angeboten.
Die Araber nennen *H. salicornica »rimth«*, und obwohl dieser Name in der Bibel nicht zu finden ist, gibt es mehrere Eigennamen – Jarmut (Josua 21,29), Jeremot (Esra 10,26; 1. Chronik 25,22), Remet (Josua 19,21) und andere –, die damit verwandt sind. Die Pflanze ist häufig im Arava-Tal, im östlichen Negev, im Sinai, in Arabien und vielen anderen Ländern anzutreffen. Überall ist sie als *rimth* bekannt, was vermuten läßt, daß die Menschen der Bibel die Pflanze gekannt haben müssen und daß die genannten Namen davon abzuleiten sind.
Die weiße Hammada gehört zur Familie des Gänsefußes, deren meiste Vertreter Succulente, einige davon blattlose Büsche sind ähnlich der Pflanze, die uns hier beschäftigt. In Israel wächst sie oft zusammen mit Akazien und bildet mit diesen auffallende savannenähnliche Pflanzengesellschaften. Sie ist ein bis zu 80 cm hoher Busch mit blattlosen Ästen aus grünen, fleischigen Zwischengliedern. Die Blüten, die zu Beginn des Winters erscheinen, sind unauffällig und werden vom Wind bestäubt. Die Frucht ist einsamig und wird mit dem weißflügeligen Kelch, in dem sie eingeschlossen ist, verbreitet.
Die schwarze Hammada, eine nahe Verwandte, wächst fast im ganzen Negev und weiter westlich gegen Nordafrika zu. Ihre dunkle Farbe steht in auffallendem Kontrast zur hellen Lößerde, auf der sie wächst.

Weiße Hammada
Hammada salicornica

7 Dornen und Disteln

Über 70 Arten von Pflanzen mit spitzen Schutzeinrichtungen gehören zur Flora Israels, und mehr als 20 Namen von Dornen werden in der Bibel erwähnt. Keine andere Gruppe von Pflanzennamen in der Bibel ist so häufig falsch bestimmt und willkürlich übersetzt worden.

Es ist sehr unwahrscheinlich, daß die Menschen der Bibel, genausowenig wie sonstwo, besondere Namen für ihre Disteln hatten, die selbst heute im einzelnen dem Durchschnittsmenschen unbekannt sind. Es scheint, daß selbst die ursprünglichen Schreiber oder die Propheten die vielen von ihnen verwendeten Namen nicht zuordnen konnten, unter denen sich einige legendäre und metaphorische und solche, die über Generationen hinweg weitergegeben wurden, befinden. Viele Namen von Dornen in der Bibel sind vermutlich Synonyme, ungenaue Sammelnamen oder veraltete Überreste archaischer Ausdrucksweise. Dort, wo sie in Paaren vorkommen, wie *shamir va-shayith, kotz ve-dardar,* sind es Hendiadys zur Betonung des Dornigen. Selbst wenn die Namen eindeutig zu identifizieren wären, könnten sie nicht zutreffend in die Sprache der Länder übersetzt werden, in denen nur wenige oder keine dieser Pflanzen vorkommen, was auf alle europäischen Länder zutrifft.

Wissenschaftliche Bemühungen, die zwanzig biblischen Namen für Dornbusch, zwanzig von den siebzig, die es gibt, zuzuordnen, brachten nur Irrtümer hervor und waren zum Scheitern verurteilt. Nur jene, die eine etymologische oder geobotanische Grundlage oder Parallelen zu anderen semitischen Sprachen aufweisen, liefern plausible Hinweise. Aber davon gibt es nur wenige.

Das alles sind Gründe dafür, daß in keiner Bibelübersetzung ein Dornenname zuverlässig übersetzt ist. Um unkorrekte Identifikationen zu vermeiden, sollten künftige Übersetzungen in allen Fällen »Dorn« oder »Distel« als Sammelname für die ganze Gruppe stachliger oder dorniger Pflanzen verwenden oder am Originalhebräisch festhalten. Die wenigen im folgenden Kapitel dargestellten Pflanzen zeichnen sich durch ihr häufiges Vorkommen, ihre auffallende Erscheinung, ihre besondere Verwendung oder aufgrund ihrer Übereinstimmung mit arabischen Namen aus. Einige sind nur erwähnt, weil sie, wenngleich unbegründet, in verschiedenen Übersetzungen häufig vorkommen.

Christdorn

Ziziphus spina-christi (L.) Desf.

Da sprachen alle Bäume zum *Dornbusch:* So komm du und sei unser König! Und der Dornbusch sprach zu den Bäumen: Wollt ihr in Wahrheit mich salben, daß ich König über euch sei, so kommt und bergt euch in meinem Schatten. Wo nicht, so wird Feuer ausgehen vom Dornbusch und verzehren die Zedern des Libanon.

Richter 9,14–15

Da nahmen die Soldaten des Statthalters Jesus in die Burg und brachten die ganze Kohorte wider ihn zusammen. Und sie zogen ihn aus und hängten ihm einen roten Mantel um, flochten eine Krone aus *Dornen*, setzten sie ihm aufs Haupt und gaben ihm ein Rohr in seine rechte Hand, warfen sich vor ihm auf die Knie und verspotteten ihn mit den Worten: Heil dir, König der Juden!

Matthäus 27,27–29

Jesus kam nun heraus, die *Dornenkrone* und den Purpurmantel tragend. Und er sagte zu ihnen: Da seht den Menschen!

Johannes 19,5

Der geringe König der Bäume in der »Parabel von den Bäumen« – hebräisch *atad* – kommt einmal als Pflanzenname, einmal als Sammelbegriff für »Dornen« und einmal als Ortsname vor. Die Identität des Begriffs läßt sich sprachlich nicht nachweisen. Am einsichtigsten ist die Zuordnung von *atad* zu *Ziziphus spina-christi* (oder *Ziziphus lotus*), da diese Pflanze in den nördlichen Teilen Israels recht häufig ist, besonders an den östlichen Hängen der angrenzenden Ebene Samariens, wo Jotam seine »Parabel von den Bäumen« erzählte.

Darüber hinaus erfüllt *Ziziphus* die Voraussetzungen in dieser Parabel: er liefert Früchte von geringerer Qualität als die Feige oder die Olive. Auch ergeben die Worte: »Bergt euch in meinem Schatten«, bei ihm einen Sinn. In der talmudischen Literatur gehört *atadim*, wie die Pistazie und die Terebinthe, zu den Obstbäumen, was darauf hindeutet, daß *atad* als Baum oder Strauch angesehen wurde, der eßbare Früchte lieferte. Die reifen Früchte des *Ziziphus* (arabisch *dum*) sind in der Tat genießbar und werden manchmal auch gehandelt.

Die so häufig und ausgiebig diskutierte Frage, ob die bei Matthäus, Markus und Johannes erwähnte »Dornenkrone« vom *Ziziphus*-Baum geflochten wurde, läßt sich folgendermaßen beantworten: Es gibt mindestens ein Dutzend dorniger Pflanzenarten in Jerusalem. Davon ist *Sarcopoterium spinosum,* ein Zwergstrauch, sehr

Lotusdorn *Ziziphus lotus*

verbreitet und dürfte deshalb am ehesten als die dafür verwendete Pflanze in Frage kommen. In der christlichen Tradition ist es jedoch der *Ziziphus*. Dazu sei gesagt, daß an den östlichen Hängen des Tempelbergs in Jerusalem noch einige Christdornbäume wachsen.

Der Christdorn ist ein stattlicher, immergrüner bis zu 10 m großer Baum, der eine große, ovale, dicht verzweigte Krone entwickelt. Seine ovalen, auffällig genervten und gezähnten Blätter werden 3–5 cm lang und etwa 2 cm breit. Sie haben zwei stachlige Nebenblätter, wovon das eine gerade, das andere gebogen ist. Der Baum blüht fast das ganze Jahr über, am stärksten im Sommer. Die zweigeschlechtigen Blüten sind gelblichgrün. Die gelbe, fleischige Steinfrucht hat etwa die Größe einer Kirsche (ist jedoch weniger schmackhaft als diese) und wird sogar auf den Märkten angeboten. Die Pflanze kommt ziemlich häufig in Samarien und im südlichen Israel vor, besonders ist sie auch im oberen Jordan-Tal auf der feinkörnigen Schwemmerde anzutreffen.

Der Lotusdorn, etwa 1,5 m hoch, ist zwar ein Strauch, aber dem Christdorn sehr ähnlich. Er wirft seine Blätter im Winter ab und liefert kleinere, zartere Früchte. Sein Verbreitungsgebiet ist das obere Jordan-Tal und Samarien. Wie der Christdorn benötigt er Wärme, jedoch nicht die tiefgründigen Böden der Ebene.

Christdorn *Ziziphus spina-christi*

Dornige Becherblume

Sarcopoterium spinosum (L.) Spach

Darum will ich dir den Weg mit *Dornen* versperren und mit einer Mauer verbauen, daß sie ihre Pfade nicht finden soll.

Hosea 2,6

... denn wie das Knistern der *Dornen* unter dem Topfe, so ist das Lachen der Toren. Auch das ist nichtig.

Prediger 7,7

S. spinosum ist am ehesten dem hebräischen *sir* (das nur im Plural *sirim* vorkommt) in den obigen Bibelstellen zuzuordnen. Bei der einheimischen Landbevölkerung besteht seit langem der Brauch, die Höfe und Gärten mit stark verzweigenden, stachligen Zwergsträuchern einzuzäunen. Dafür eignet sich *S. spinosum* besonders gut, zugleich läßt es sich auch als Brennstoff zum Kochen und Kalkbrennen verwenden.

Bemerkenswert ist, daß das arabische *sir* oder *thir* eine Reihe von Zwergstraucharten bezeichnet. Dazu gehören *Noea mucronata, Gymnocarpus decander* und *Traganum nudatum,* die im allgemeinen als Brennstoff dienen. Im Neuhebräischen wird diese Art von Vegetation, die von der dornigen Becherblume beherrscht ist, als *bathah* – Garaus – bezeichnet, ein Wort, das von Jesaja übernommen wurde: »Ich will ihm den Garaus machen: nicht beschnitten soll er werden noch behackt, in Dornen und Disteln soll er aufgehen« (5,6).

Sir wurde zuerst von Post (1896) und Loew (1924) als *S. spinosum* identifiziert und von Hareuveni (1933) akzeptiert – und dies nicht ohne Grund, da es dem Zusammenhang der beiden zitierten und anderen einschlägigen Bibelstellen nicht entgegensteht.

S. spinosum ist ein bedeutendes Mitglied vieler Pflanzengesellschaften, die für die mediterrane Landschaft charakteristisch sind. Da die Pflanze in Jerusalem sehr verbreitet ist, kann es durchaus sein, daß die römischen Soldaten aus den dornigen Ästen die »Dornenkrone« geflochten haben (Matthäus 27,27–30; Markus 15,17; Johannes 19,5).

S. spinosum ist ein Zwergstrauch, der etwa 50 cm hoch wird. Seine Zweige sind stark verästelt, die Blätter bestehen aus mehreren gezähnten Fiederblattpaaren, die von der Landbevölkerung als Gemüse verwendet werden. Die äußeren Teile der Äste verzweigen sich in stachlige Ästchen, die jährlich absterben, nachdem sie geblüht und gefruchtet haben. Die kleinen grünen Blüten sind eingeschlechtig, wobei die weiblichen Blüten über den männlichen stehen. Die Blüten erscheinen im Frühjahr und entwickeln sich zu kugeligen Früchten mit einer Fruchthülle und zwei oder drei Samen.

Brombeere

Rubus sanguineus Friv

Wenn ihr aber die Bewohner des Landes nicht vor euch vertreibt, so werden die, die ihr von ihnen übriglaßt, zu Dornen werden in euren Augen und zu *Stacheln* in euren Seiten, und sie werden euch bedrängen in dem Lande, wo ihr wohnt.

4. Mose 33,55

Angeln **(Dornen) und Schlingen sind auf dem Wege des Falschen; wer sein Leben erhalten will, bleibt ihnen fern.**

Sprüche 22,5

Denn jeder Baum wird an seiner Frucht erkannt; von *Dornen* sammelt man ja keine Feigen, und von einem Dornbusch schneidet man keine Traube.

Lukas 6,44

Tzinim oder *tzininim,* in den obigen Stellen mit »Dornen« übersetzt, ist als *sinim, sina, sinaia* und anderen Abwandlungen dieser Sprachwurzel (ausgenommen *sneh,* siehe auch: Sennabusch) häufig in der nachbiblischen (talmudschen und mischnaischen) Literatur zu finden und möglicherweise mit der echten Brombeere *(Rubus sanguineus)* identisch.

Die Brombeere ist ein stachliger, immergrüner, mehr oder weniger aufrechter, wirr verzweigter Busch mit Dornen längs des Stammes und der Äste. Die Blätter bestehen aus drei bis fünf Fiederblättchen. Die Blüten stehen an der Spitze der Triebe und haben fünf rosa bis weiße, etwa 6–9 mm lange Blumenblätter. Die Frucht ist eine zusammengesetzte eßbare schwarze Beere. Sie besteht aus vielen einsamigen Steinfrüchten, die gegen Ende des Sommers reifen. Sie ist in den mittleren und nördlichen Teilen Israels recht häufig anzutreffen und bildet oft undurchdringliche Dickichte an Flußläufen und Sümpfen.

Notobasis

Notobasis syriaca (L.) Coss.

Mariendistel

Silybum marianum (L.) Gaertn

Kugeldistel

Echinops viscosus D.C.

Da sprach Gideon: Wohlan, wenn der Herr den Sebach und den Zalmunna in meine Hand gibt, so dresche ich euer Fleisch mit *Wüstendorn* und Stacheldisteln.

Richter 8,7

Und er ließ die Ältesten der Stadt greifen, nahm Wüstendorn und *Stacheldisteln* und zerdrosch damit die Männer von Sukkoth.

Richter 8,16

Es gibt keine konkreten Belege dafür, daß diese drei dornigen Vertreter der Familie der Korbblütler die *barkanim* Gideons sind. Allerdings sind sie allen anderen »Dornen« vorzuziehen, weil sie schlanke Pflanzen sind, die vermutlich als Peitschen verwendet wurden, auch gehören sie zu den häufigsten aller Dornengewächse in Ofra, wo Gideon, der Richter, »Weizen in der Kelter drosch« (Richter 6,11).

N. syriaca und *S. marianum* sind Annuelle mit großen Blättern, die den Winter über dicht dem Boden anliegen (Rosette). Im Frühling sind sie die ersten Disteln, die einen schlanken Stengel entwickeln, der mit kleinen, stachligen Blättern besetzt ist. Der obere Teil des Stengels verzweigt sich und endet in je einem großen Korb aus rosa oder weißen Blüten, der von zahlreichen ledrigen, sehr stachligen, einfachen oder gelappten Blättchen umgeben ist. Gegen Ende des Frühlings entwickelt die Pflanze kleine Nüßchen (Früchte) mit je einem Büschel weißer langer Haare, die der Verbreitung dienen.
E. viscosus ist eine perennierende Pflanze mit kräftigen, schlanken Stielen, die im Frühsommer erscheinen und stachelige Köpfe aus purpur-bläulichen bis violetten Blüten und kleinen Früchten entwickeln, die oft spitze Dornen tragen. *E. viscoscus* wächst zwischen den Zwergsträuchern und ist in Samarien und anderen Teilen Israels verbreitet.

Notabasis *Notabasis syriaca*

Mariendistel *Silybum marianum*

Kugeldistel *Echinops viscosus*

Iberische Flockenblume

Centaurea iberica Spreng.

Und zum Menschen sprach er: Weil du auf deines Weibes Stimme gehört und von dem Baume gegessen hast, von dem ich dir gebot: du sollst nicht davon essen, so ist um deinetwillen der Erdboden verflucht. Mit Mühsal sollst du dich von ihm nähren dein Leben lang. Dornen und *Disteln* soll er dir tragen.

1. Mose 3,17–18

Auch die Höhen Israels werden zerstört; Dornen und *Disteln* wachsen auf ihren Altären.

Hosea 10,8

Hütet euch vor den falschen Propheten, die in Schafskleidern zu euch kommen, inwendig aber sind sie räuberische Wölfe! An ihren Früchten werdet ihr sie erkennen. Sammelt man etwa Trauben von Dornen oder Feigen von *Disteln?*

Matthäus 7,15–16

Das Wort *dardar*, das zweimal in der Bibel erwähnt ist, könnte sich auf eine bestimmte Art der Gattung *Centaurea* beziehen, die sich von allen anderen Dornen und Disteln durch ihre quirlartigen, den ganzen Winter über flach am Boden liegenden Blätter unterscheidet.

Die häufigste heimische Art, von den Arabern *dardur* genannt, ist *C. iberica*. Es ist eine stark verzweigende, einjährige Pflanze, die Straßenränder und vernachlässigte Plätze bevorzugt. Den ganzen Winter über und im zeitigen Frühjahr liegen die fiedriggelappten Blätter in dichten Quirlen am Boden und bilden eine große Rosette. In dieser Zeit sammeln die Dorfbewohner die Blätter und verwenden sie als Gemüse, das sie auch *mureir* nennen. Dieser Ausdruck ist identisch mit dem hebräischen *merorim*, einem Sammelnamen für eine Reihe von Kräutern, die eine ähnliche Verwendung finden.

Mit Beginn der Trockenzeit wächst ein 50 cm oder noch höherer Stiel rasch aus der Rosette heraus und entwickelt Seitenäste sowie eine Vielzahl kleiner Blütenköpfe mit langen, spitzen Stacheln, so daß die ganze Pflanze nahezu unberührbar wird. Jeder Kopf besteht aus vielen winzigen Blütchen mit einer gelben Blumenkrone und rosa Staubgefäßen. Die kleinen Früchte haben ein Haarbüschel, das die Verbreitung ermöglicht.

Sowohl das hebräische *dardar* als auch das arabische *dardur* bedeuten »Quirl«, was sich auf die Erscheinung der Pflanze bezieht. In den beiden ersten Bibelzitaten ist *dardar* gekoppelt mit *kotz*. In der Regel verweist ein solches Doppel nicht auf zwei verschiedene Inhalte, sondern dient als Verstärkung (hier von »Dornigkeit«). Es ist aber durchaus möglich, daß *dardar* einst eine bestimmte Pflanze bezeichnete, im Lauf der Zeit aber jenen Sinn verlor und eine allgemeinere Bedeutung annahm. Ein anderer Schwachpunkt in der genauen Bestimmung besteht darin, daß diese Art der *Centaurea* nirgendwo auf den Feldern als Unkraut vorkommt und nicht in den Zusammenhang von 1. Mose 3,18 paßt, im Gegensatz zu Matthäus 7,16, wo diese Art sich durchaus in den Kontext einfügen läßt.

Golddistel

Scolymus maculatus L.

S. hispanicus L.

Wenn seinen Ertrag ich unbezahlt genoß und seinen Besitzer seufzen machte, so sollen *Dornen* statt des Weizens, und statt der Gerste Unkraut aufgehen!

Hiob 31,39–40

Ich bin die Narzisse in Saron, die Lilie in den Tälern. Wie eine Lilie unter den *Dornen*, so ist meine Freundin unter den Mädchen.

Hoheslied 2,1–2

In seinen Palästen werden Dornen wachsen, Nesseln und *Disteln* in seinen Burgen.

Jesaja 34,13

Die angeführten Bibelstellen wurden von neun anderen ausgewählt, in denen der Ausdruck *ḥoaḥ* (Pl. *ḥoḥim*) ebenfalls vorkommt. Vom Kontext her scheint *ḥoaḥ* eine dornige Pflanze zu sein, die als Unkraut in den Weizenfeldern anzutreffen ist *(S. maculatus)*, aber auch in Ruinen und auf Abfallplätzen *(S. hispanicus)*. Das Wort bezeichnet vermutlich aber auch ganz allgemein Dornengewächse, wie die anderen Bezüge, etwa 2. Könige 14,9; Sprüche 26,9; Hoheslied 2,2 andeuten. Das akkadische *hahin* wird gewöhnlich mit »Dornen« übersetzt.

Die Golddistel ist eine weitverbreitete Annuelle mit einem kräftigen, unelastischen Stamm, der sich nach oben hin verzweigt. Die Blätter wachsen entlang dem Stamm und sind ledrig und dornig gelappt. Sie bilden eine Korbblüte aus gelben Blüten. Die Samen sind kleine Nüßchen.

Das Neue Testament erwähnt »Dornen«, die in Getreidefeldern wachsen (Matthäus 13,7); damit könnte die Golddistel gemeint sein.

Dieses üble Unkraut keimt an den Rändern verlassener oder brachliegender Felder und liebt alluviale Böden in geringen Höhen über dem Meeresspiegel.

S. hispanicus unterscheidet sich von *S. maculatus* durch seinen Stamm, der sich von unten an reich verzweigt. Man findet sie an verlassenen Plätzen und an Straßenrändern, jedoch nicht so häufig wie *S. maculatus.*

Golddistel *Scolymus maculatus*

Taumellolch

Lolium temulentum L.

Syrischer Schuppenkopf

Cephalaria syriaca (L.) Schrad.

Das Reich der Himmel ist gleich einem Menschen, der guten Samen auf seinen Acker säte. Doch während die Leute schliefen, kam sein Feind und säte Unkraut (»Lolch«) dazu mitten unter den Weizen und ging davon.

Matthäus 13,24–25

Taumellolch und Schuppenkopf sind beide Unkräuter, die nur in Getreidefeldern wachsen und dort als Schädlinge wirken. Da die Körner des Schuppenkopfes und des Taumellolchs in Größe und Form denen des Weizens ähnlich sind, lassen sie sich beim Sieben nicht trennen und bilden so ein Gemenge, von dem das Mehl verdorben wird.

Der Taumellolch ist ein ganz besonderes Unkraut und entspricht dem hebräischen *zun* und dem arabischen *ziwan (Lolium).* Er gehört zur Familie der Gräser und ähnelt einem weizenähnlichen Gras, in dessen Körnern ein giftiger Pilz lebt, und wächst ausschließlich in Getreidefeldern des ganzen Mittleren Ostens. Körner davon wurden in einem 4000 Jahre alten Grab in Ägypten gefunden.

Der syrische Schuppenkopf gehört zur Familie der Kardengewächse und ähnelt dem Weizen nur durch die Art der Samen. Die Araber nennen ihn *zuwan aswad* oder *taradan shalam.* Er ist nicht weniger lästig als der Taumellolch und hat, obwohl mit dem Weizen nicht verwandt, viele Merkmale desselben übernommen. So gleichen z. B. seine Körner einer bestimmten Weizensorte, und da sie zusammen geerntet, gedroschen und gesiebt werden, gelangen sie Jahr für Jahr neu in das Saatgut, was dann einen bitteren Mehl- und Brotgeschmack zur Folge hat. Manchmal gewinnt er auch die Oberhand über den Weizen, und der Bauer ist gezwungen, es anstelle dessen, was er ausgesät hat, zu ernten. Hier liegt ein klassisches Beispiel dafür vor, wie aus einem Unkraut »Getreide« werden kann, was zum Beispiel auch bei Roggen und Hafer vorkam.

Der Taumellolch ist ein ca. 70 cm hohes Gras. Es entwickelt an der Basis sekundäre Halme, die alle in einer kompakten 6–12 cm langen, spitzen Ähre enden. Sie besteht aus anliegenden Ährchen mit mehreren Blüten, aus denen sich Körner entwickeln, die denen des Weizens nicht unähnlich sind.

Der syrische Schuppenkopf ist ein struppiges, einjähriges Kraut mit einem kantigen 80 cm langen Halm. Er verzweigt sich im oberen Teil in ausladende Äste, von denen jeder in einem kopfförmigen Blütenstand aus blauen vierblättrigen Blumenkronen endet. Die Frucht ist ein schwarzes Korn, das einem Weizenkorn ähnelt.

Taumellolch *Lolium temulentum*

Brennessel

Urtica urens L.

U. pilulifera L.

Statt der Dornen werden Zypressen wachsen und Myrten statt der *Disteln*. Dem Herrn zum Ruhme wird es geschehen, zum ewigen Zeichen, das nicht getilgt wird.
Jesaja 55,13

Du aber, Menschensohn, fürchte dich nicht vor ihnen und erschrick nicht vor ihren Worten, wenn *Disteln* und Dornen um dich sind und du unter Skorpionen wohnst.
Ezechiel 2,6

Moab soll wie Sodom werden und die Ammoniter wie Gomorra, ein Besitz der *Nesseln*, eine Salzgrube und eine Wüste auf immer.
Zefanja 2,9

Alle vier Arten der Brennessel, die hier wachsen, sind Ruderalpflanzen, das heißt, sie wachsen an Schutt- und Abfallplätzen und brauchen viel organische Substanz.
Da sie die Eigenschaft besitzen, zu stechen und zu »brennen«, ist ihre Verwendung als Metapher sehr naheliegend. Die Bibel dürfte sie aus diesem Grund wohl kaum übersehen und außer acht gelassen haben.
Der Vf. glaubt, daß alle drei hebräischen Namen – *sirpad* (in Jesaja 55,13 »Distel«), *seravim* (in Ezechiel 2,6 »Disteln«) und *ḥarul* (in Zefanja 2,9 »Nesseln«) Synonyme sind. Beide Wurzeln *s-r-f* und *ḥ-a-r* bedeuten »versengen« oder »brennen«. Die Brennessel ist die einzige Pflanze, die die Haut so nachhaltig reizt, daß eine Entzündung entstehen kann. Der arabische Ausdruck für eine dieser Arten ist in Israel *ḥorreig*, in Ägypten *sorbei*. Sprachlich und vom Zusammenhang her gesehen, scheint die Wiedergabe dieser drei Wörter mit »Brennessel« einsichtig zu sein.
Die Brennessel ist ein einjähriges 1 m hohes Kraut mit einem vierkantigen Stengel und großen gegenständigen, ovalen und gezähnten Blättern. Sie sind reichlich mit stechenden Haaren bedeckt. Die Blüten sind eingeschlechtig und von grüner Farbe. Die Früchte sind kleine, in den grünen Kelchblättern eingeschlossene Nüßchen.
Die Brennessel wächst überall in den besiedelten Gebieten des Landes, vereinzelt auch in der Wüste.

Römische Brennessel *Urtica pilulifera*

Gundelia

Gundelia tournefortii L.

Mein Gott, mache sie wie *Spreu,* wie Stoppeln vor dem Wind.

Psalm 83,14

Nationen brausen wie das Brausen vieler Wasser. Doch er herrscht sie an, da fliehen sie fernhin, werden gejagt wie die Spreu auf den Bergen vor dem Wind, wie ein *Staubwirbel* vor der Windsbraut.

Jesaja 17,13

Die *Gundelia,* überwiegend eine Steppenpflanze, wird von den Reisenden, die in Richtung Asien unterwegs sind, »Steppenmonster« oder »Steppenroller« genannt, da häufig mehrere Pflanzen zusammengeballt sind und durch die riesigen leeren Steppen wie aufgeblasene Spukgestalten rollen.

Das hebräische *galgal* ist nicht eigentlich der Name einer Pflanze, dürfte aber auf dieses Taumelkraut hindeuten. Es ist ein stark verästeltes Kraut, das sich selbst vom Wurzelstock löst und beim Herumtaumeln seine Samen verliert bzw. ausschüttet.

Gundelia gehört zu den dreißig verschiedenen Arten von Taumelkräutern in der heimischen Flora und fällt wegen ihrer großen ledrigen und flügelähnlichen Blätter, welche die Pflanze zu einem sehr effektiven »Roller« machen, besonders auf. In der nachbiblischen hebräischen Literatur wird sie ***akuvith*** genannt, im Arabischen ***akub*** oder ***kaub***. ***Akov*** läßt sich vermutlich von dem Namen der Pflanze ableiten und kommt mehrfach in der Bibel als Eigenname vor.

Die Gundelia ist eine ungewöhnliche und biologisch interessante Pflanze. Sie zählt zu den perennierenden Disteln aus der Familie der *Compositen.* Ihre Position innerhalb der Familie ist wegen ihrer Blütenköpfe ziemlich unsicher. Die Pflanze ist 30–50 cm hoch mit einem kräftigen Stengel, der sich von der Basis aus verzweigt. Seine ovalen bis länglichen, sehr dornigen, gelappten bis fast gefiederten Blätter erreichen eine Länge von 20 cm und mehr. Solange sie jung sind, fühlen sie sich weich an und finden als Gemüse Verwendung. Mit zunehmendem Alter werden sie hart und ledrig. Jeder Zweig endet in einem 5–8 cm quermessenden dreiteiligen Blütenkopf. Die innersten Köpfchen bestehen aus 6–7 Blütchen, von denen nur das mittlere fertil ist. Es entwickelt sich zu einer kantigen Nuß, die ein paar stachelige Anhängsel hat. Aus den jungen fleischigen Köpfen bereiten die Bauern ein schmackhaftes Gericht. Die Nüsse haben einen hohen Fettgehalt. Sie sind genießbar und angenehm im Geschmack.

Grauer Nachtschatten/ Jerichotomate

Solanum incanum L.

Der Weg des Faulen ist wie eine *Dornenhecke*, der Weg des Fleißigen ist gebahnt.

Sprüche 15,19

Der Beste unter ihnen ist wie ein *Stechdorn*, und der Redlichste von ihnen ist wie eine Dornenhecke. Der Tag deiner Späher, deine Heimsuchung ist gekommen; nun hebt die Bestürzung an. Vertraue keiner dem Nächsten! Verlasse sich keiner auf den Freund! Verwahre die Pforte deines Mundes vor dem Weibe an deiner Brust!

Micha 7,4–5

Das hebräische *ḥedek* kommt nur in diesen beiden Bibelstellen vor, und zwar immer im Sinn von oder in Verbindung mit »Dornenhecke«. Solche Hecken sind in Israel häufig anzutreffen, da sie einen wirksamen Schutz von Obst- und Gemüsegärten gegen kleine Tiere und Diebe bieten. Aus dem Zusammenhang gesehen wie auch etymologisch weist *ḥedek* auf eine ziemlich dornige Pflanze hin.

Das arabische *hadaq* jedoch meint den grauen Nachtschatten *(Solanum incanum)*, der gelegentlich auch als Dornenhecke dient, aber doch seltener ist. Das läßt die Deutung von *ḥedek* als Bezeichnung für Dornen keineswegs fraglich erscheinen, da biblische Pflanzennamen, die ursprünglich artspezifisch bezogen waren, im Lauf der Zeit oft zu Begriffs- oder Sammelnamen wurden, wie z. B. *eshel* für »Tamariske« und »Baum« oder *shoshan* für »Lilie« und »Blume«.

Der graue Nachtschatten ist eine tropische Pflanze, die in Israel nur im unteren Jordan-Tal und im Gebiet des Toten Meeres vorkommt. Es ist ein gräulich behaarter, stacheliger, sich stark verzweigender Strauch mit großen ovalen Blättern. Seine ansehnlichen lilafarbenen Blüten öffnen sich weit und werden von Bienen bestäubt. Die Früchte, große gelbe Beeren, enthalten zahlreiche Samen, die von den Vögeln verbreitet werden. Sein Verbreitungsgebiet reicht vom südlichen Afrika bis nach Nordwest-Indien.

Syrischer Akanthus

Acanthus syriacus Boiss.

Und sie ließen einen Efeuzweig aus dem Stein wachsen, der von *Akanthus* umrankt war.
Brief des Aristeas 70

Akanthus kommt nur in dieser pseudepigraphischen Stelle vor. Diese Schrift beschreibt den Schaubrottisch im Tempel, dessen Beinenden aus kostbaren Steinen bestanden, in die die Formen verschiedener Pflanzen eingraviert waren. Obwohl der Name ein Allgemeinbegriff für dornige oder stachelige Pflanzen ist, scheint hier der syrische Akanthus gemeint zu sein. Er fällt wegen seiner rosettenartigen, großen, dornig gelappten Blätter auf, von denen man weiß, daß sie das Modell für dekorative Steinmetzarbeiten besonders an Säulen-Kapitellen abgaben. Die Pflanze hat lange Ähren aus großen, farbenfrohen, zweilippigen Blüten mit stacheligem Deckblatt und stacheligem oberen Kelchblatt.

Stachlige Zilla

Zilla spinosa (L.) Prantl

Und Lamech sprach zu seinen Frauen: Ada und *Zilla*, hört meine Rede.

1. Mose 4,23

Dem Hause Israel aber soll forthin kein stechender *Dorn* noch schmerzender Stachel mehr drohen von all seinen Nachbarn, die es verachten, und sie werden erkennen, daß ich Gott der Herr bin.

Ezechiel 28,24

Zilla oder *Silla* ist der arabische Name einer sehr stacheligen und ziemlich auffallenden Pflanze und wurde von P. Fórsskål (1732–63) in *Zilla spinosa* latinisiert. Es ist sicher nicht zu vermessen, wenn man davon ausgeht, daß Zilla, eine der beiden Frauen Lamechs, nach dieser Pflanze genannt wurde, die den Charakter der Wüsten im Lande Nod prägt. *Silon* (Ezechiel 28,24) scheint ein Allgemeinbegriff für Dornen zu sein. Die stachlige Zilla ist ein ausdauerndes Kraut, das bis zu 1 m hoch und breit wird, mit wirr verzweigenden Ästen, die als lange, scharfe Stacheln enden. Die Blätter sind unten groß und werden nach oben hin kleiner. Die häufig ausgebildeten rosa Blüten bestehen aus vier Kelch- und vier rosa bis violetten Blütenblättern. Die Frucht, ein spitziges, verholzendes Nüßchen, ist etwa 6–8 mm lang. Es enthält zwei Samen und springt nie auf. Im voll entwickelten Zustand löst sich die ganze Pflanze von der Wurzel und treibt über die Wüste.

Europäischer Bocksdorn

Lycium europaeum L.

Nun sammelten die Philister ihr Heer zum Kriege, und sie kamen in Socho zusammen, das zu Juda gehört, und lagerten sich zwischen Socho und *Aseka* bei Efes-Dammin.
1. Samuel 17,1

Aseka, ein Ort in Judäa am Fuße der westlichen Berge, wird in der Bibel siebenmal genannt. Der Name ist mit dem arabischen *ausseg* (Bocksdorn), das mit *Lycium* identisch ist, verwandt. Es ist nichts Außergewöhnliches in der Bibel, daß Orte Pflanzennamen tragen. So begegnen auch die Namen von Granatapfel, Olive, Dattelpalme, Akazie, Eiche, Pistazie (Terebinthe), Weide und viele andere oft als Ortsbezeichnungen entweder einzeln oder in Verbindung mit einem anderen Wort. Man kann deshalb annehmen, daß dies bei anderen Pflanzen ähnlich der Fall ist. So dürfte auch der Name *Aseka* auf die Bocksdornsträucher zurückgehen, die dort sehr verbreitet sind.

L. europaeum ist ein dorniger Strauch, der sich an seinen oberen Teilen wirr verzweigt. Seine schmalen Blätter fallen zu Beginn des Sommers ab. Die Blüten stehen einzeln und achselständig. Der kleine Kelch ist meist fünfgezackt. Die lange, röhrenförmige Blütenkrone ist rosa bis blau, die Frucht eine kleine, eßbare Beere.

8 Feldblumen

Wandert man im Frühling durch die Täler und Berge Israels oder auch durch seine Wüsten, so ist man tief beeindruckt von der Schönheit Hunderter von Blumen. Die meisten der vielen blühenden Arten des Landes müssen in biblischer Zeit genaue Namen gehabt haben, so wie das auch heute der Fall ist. Da aber die Bibel kein naturkundliches Werk ist, verwendete sie oft Sammelnamen für Pflanzengruppen, die von dem Sachunkundigen nicht leicht zu unterscheiden sind. In der Bibel bedeuten die Wörter *peraḥ, tzitz, nitzah* alle »Blume«. Eine Gruppe – die ersten Frühlingsblumen – bilden die auffallend schönen Anemonen, Tulpen, Mohn- und Hahnenfußarten, die im Hohenlied mit dem Sammelnamen *nitzanim* belegt werden: »Die Blumen *(nitzanim)* erscheinen im Lande, die Zeit des Singens ist da, und das Gurren der Turteltaube hebt an« (Hoheslied 2,12). Das Wort ist wahrscheinlich von dem Verbum *hanetz* (erblühen) abzuleiten, das in der Bibel häufig vorkommt.
Diese Pflanzengruppe mit roten Blüten wird von der irakischen Bevölkerung *nissan* genannt, was darauf hindeutet, daß der hebräische Frühlingsmonat Nissan von daher seinen Namen hat oder auf die im Frühling blühenden *nitzanim* hinweist.
Auch Margeriten und margeritenähnliche Blüten fallen durch ihre Vielzahl und leuchtende Erscheinung auf, obwohl sie, was ihre Größe und Form angeht, eher mittelmäßig sind. Vermutlich sind auch sie unter dem Sammelbegriff Feldblumen *(tzitz ha-sadeh)* zusammengefaßt, der zugleich symbolisch im Sinne von »kurzlebige Wesen« verwendet wird: »Alles Fleisch ist ja Gras und all seine Pracht wie die Blume des Feldes. Das Gras verdorrt die Blume welkt..., aber das Wort unseres Gottes bleibt in Ewigkeit« (Jesaja 40,6.8; 1. Petrus 1,24–25). Gras *(esev)* in Verbindung mit Blumen hier und an anderen Stellen der Bibel bezeichnet offensichtlich ebenfalls irgendwelche bestimmte Blumenarten: »... denn wie die Blumen des Grases wird er vergehen« (Jakobus 1,10) oder: »das Gras des Feldes« (Matthäus 6,30).
Eine andere Gruppe von Blumen wird »die Lilien auf dem Felde« genannt: »Betrachtet die Lilien des Feldes, wie sie wachsen! Sie arbeiten nicht und spinnen nicht; ich sage euch aber, daß auch Salomo in all seiner Pracht nicht gekleidet war wie eine von diesen. Wenn aber Gott das Gras des Feldes, das heute steht und morgen in den Ofen geworfen wird, so kleidet, wird er das nicht viel mehr euch tun, ihr Kleingläubigen?« (Matthäus 6,28–30). Natürlich wachsen auf den Feldern keine echten Lilien und der Ausdruck soll auch nicht echte Lilien bezeichnen, sondern einfach »schöne wilde Blumen«. Das folgende Kapitel beschreibt nur einige wenige der Blumen, die der israelischen Landschaft ihre besondere Schönheit verleihen, wobei auch die echte Lilie, die in den Bergen wächst, nicht unbeachtet bleibt.
Obwohl Blumen bei religiösen Riten normalerweise keine Rolle spielten, dienten sie als Schmuck, und man schätzte sie wegen ihres Duftes: »Mein Geliebter ist mir wie eine Cypertraube in den Weinbergen von En-Gedi« (Hoheslied 1,14).

Kronenwindröschen

Anemone coronaria L.

Und warum sorgt ihr euch um die Kleidung? Betrachtet die *Lilien des Feldes*, wie sie wachsen! Sie arbeiten nicht und spinnen nicht; ich sage euch aber, daß auch Salomo in all seiner Pracht nicht gekleidet war wie eine von diesen. Wenn aber Gott das Gras des Feldes, das heute steht und morgen in den Ofen geworfen wird, so kleidet, wird er das nicht viel mehr euch tun, ihr Kleingläubigen?

Matthäus 6,28–30

Im zeitigen Frühjahr bedecken Tausende von scharlachroten, manchmal auch purpurfarbenen, rosa, blauen und weißen Kronenwindröschen die Felder, das Busch- und Ödland oder die sandigen Hügel des ganzen mediterranen Gebietes und dringen bis in die Wüste vor. Wegen seiner Lieblichkeit und seinem Reiz ist dies die beliebteste Frühlingsblume.

Die Kronenanemone gehört zur Familie der *Ranunculaceae*, die 35 Gattungen und etwa 2000 Arten umfaßt. Zur auffallenden Form ihrer Struktur gehört die Reduktion des Stengels zu einem unter der Erde liegenden Rhizom, in dem Reservestoffe gelagert und aus dem die darüberliegenden Teile, die Blätter und Blüten, angelegt werden, so daß die grüne Pflanze jedes Jahr einen Teil seines Rhizoms verbraucht, um eine neue zu bilden.

Die Blüte der Kronenanemone wird als Perigon bezeichnet, da kein Unterschied zwischen Kelch- und Blütenblättern besteht. Es kommen zwischen fünf und dreizehn Blumenblätter vor. In der Regel sind es sechs, überwiegend scharlachfarben mit einem weißen Tupfer zur Basis hin. Andere Farben – purpur, rosa, blau und weiß –, die, wie nachgewiesen wurde, genetisch bestimmt sind, kommen seltener vor.

Die Blüte öffnet sich am Morgen und schließt sich über Nacht. Obwohl sie keinen Nektar absondert, zieht sie eine Reihe von Insekten an, die sich an den von den zahlreichen Staubgefäßen produzierten Pollen laben. Neuere Beobachtungen haben gezeigt, daß Fremdbefruchtung die Regel ist. Nach der Bestäubung entwickelt sich rasch eine Frucht mit Hunderten von Sämchen, die durch den Wind verbreitet werden.

Oft hält man diese Blume für die »Lilie auf dem Felde« von Matthäus 6,28 und Lukas 12,27.

Feldblumen auf den Bergen um Jerusalem

Klatschmohn

Papaver rhoeas L.

Hundskamille

Anthemis sp.

Alles Fleisch ist ja Gras und all seine Pracht wie die *Blume des Feldes*... Das Gras verdorrt, die Blume welkt; aber das Wort unseres Gottes bleibt in Ewigkeit!

Jesaja 40,6.8

Denn alles Fleisch ist wie Gras und all seine Herrlichkeit wie die *Blume des Grases.* Das Gras verdorrt, und die Blume fällt ab, aber des Herrn Wort bleibt in Ewigkeit.

1. Petrus 1,24–25

Klatschmohn

Diese Pflanze, eine der häufigsten Mohnarten auf den Feldern Israels, blüht höchstens zwei bis drei Tage. Weil sie so kurzlebig ist und ihre Schönheit so rasch vergeht, könnte sie gut die »Blume des Feldes« in Jesaja 40,6 oder die »Blume des Grases« in 1. Petrus 1,24 sein.
Der Klatschmohn ist eine einjährige Pflanze mit bläulich-grünen Blättern. Er wird 30–50 cm hoch und hat mehrere lange Stengel, die an der Spitze die Blüten tragen. Seine Blätter sind behaart und ziemlich groß, die unteren sind tief fiederspaltig, die oberen sitzend. Die große, karminrote Blüte verliert die beiden Kelchblätter, wenn sie sich öffnet. Die Blumenkrone besteht aus vier großen Blütenblättern mit einem schwarzen Flecken am Grund, die in der Knospe extrem gefaltet sind. Sie fallen nach der Befruchtung leicht ab. Die Staubgefäße sind zahlreich, der Fruchtknoten in der Mitte hat keinen Griffel, aber mehrere haarige Narben in dachartiger Form. Die Blüte schließt sich abends und öffnet sich am nächsten Morgen wieder. Insekten suchen sie auf, um Pollen zu sammeln (Nektar ist nicht vorhanden) und befruchten dabei die Blüte. Die Frucht ist eine Kapsel mit der gleichen Anzahl von Öffnungen wie Narben, die unterhalb des dachförmigen Deckels liegen.

Klatschmohn *Papaver rhoeas*

Hundskamille

Die gelbweißen, recht großen Blütenköpfe dieser Pflanzenart sind weithin nicht zu übersehen und weisen ihr somit einen ersten Platz unter den »Blumen des Feldes« zu. Die Bibel kennt keinen eigenen Namen für diese Art, doch muß es eine hebräische Bezeichnung gegeben haben, die dem arabischen *ribyaan* oder *ikhawan* entspricht.

Die Gattung *Anthemis*, die in ihrer Erscheinungsform der Kamille nicht unähnlich ist, gehört zur Familie der Korbblütler. Sie umfaßt ca. 150 Arten, wovon die meisten in den östlichen Mittelmeer- und den daran angrenzenden Ländern vorkommen. Einige der über 20 in Israel heimischen Arten sind auch in den Steppen und Wüsten anzutreffen.

Die meist einjährige Pflanze wird ca. 20 cm hoch. Sie ist stark verästelt und mit vielen fiederteiligen Blättern bewachsen. Jeder Zweig und jedes Zweigchen endet in einer Blüte mit Hunderten von Blütchen, deren mittlere gelbe röhrenförmig sind und fünf Staubgefäße besitzen. Diese sind an den Antheren (Staubbeuteln) miteinander verbunden und haben einen Fruchtknoten mit einem langen Griffel, der in zwei gebogenen Narben endet. Die Randblütchen sind weiß und streifenförmig. Sie haben meist keine Staubgefäße.

Die auffallenden Farben der Köpfchen locken viele Insekten an, die beim Sammeln des Pollens und des Nektars die Blütchen bestäuben. Während der Blüte lassen die peripheren Blütchen (weiß) abends die Blütenblätter hängen, richten sie aber am folgenden Morgen wieder auf. Die ziemlich kleinen Achänen (Nüßchen) haben oft ein membranartiges Anhängsel, das die Verbreitung unterstützt.

Hundskamille *Anthemis sp.*

Scharlachroter Hahnenfuß

Ranunculus asiaticus L.

Kronenmargerite

Chrysanthemum coronarium L.

Scharlachroter Hahnenfuß

Dies ist der schönste Hahnenfuß in Israel und die einzige Art, die weit in arides Gebiet vordringt.

R. asiaticus blüht normalerweise nach der Anemone, und im Gegensatz zu ihr verfügt er über keine unterirdischen Rhizome, um Nährstoffe einzulagern. Dafür besitzt er neben den normalen Wurzeln dicke Speicherwurzeln zur Stoffaufnahme. Diese Speicherwurzeln ändern sich jährlich, was bedeutet, daß die Stoffreserven jedes Jahr dazu verwendet werden, oberirdische Triebe zu bilden, die ihrerseits wieder neue Wurzeln hervorbringen. Der eigentliche Stengel dieser Pflanze ist sehr kurz und bildet Knospen und Blätter. Die unteren Blätter sind gezähnt oder leicht gelappt, die übrigen sind gezähnte Lappen. Jeder Zweig endet in einer einzigen karmesinfarbenen, seltener gelben Blüte. Sie hat einen Durchmesser von 5–7 cm und weist normalerweise fünf Kelch- und fünf Blütenblätter mit tiefen Honigblättern auf. Der gewölbte Blütenboden in der Mitte der Blume trägt zahlreiche Staubgefäße unten und zahlreiche Fruchtblätter oben mit je einem Griffel und einer Narbe an der Spitze. Die reife Frucht besteht aus vielen einsamigen, geflügelten Fruchtblättern, die sich eines nach dem anderen vom Blütenboden lösen und vom Wind davongetragen werden. Neben der geschlechtlichen Vermehrung kann der kurze Stiel dünne waagrechte Stolonen (unterirdische Ausläufer) ausbilden, die zusätzliche Triebe entwickeln.

Kronenmargerite

Der Name der Blume kommt aus dem Griechischen, wo *chrysos* »golden« und *anthemon* Blume bedeutet. Die alten Griechen verwendeten

Scharlachroter Hahnenfuß *Ranunculus asiaticus*

das Wort für fast alle goldgelben Blumen. Die Kronenmargerite kommt in Israel häufig vor. Sie stellt keine großen Ansprüche und wächst deshalb an Abfallplätzen, Straßenrändern und anderen vernachlässigten oder abseits liegenden Plätzen. Auch diese Blume kann als »Feldblume« gelten und kommt vielleicht dem, was in Jakobus 1,9–10 gemeint ist, recht nahe: »Es rühme sich aber der Bruder, der niedrig ist, seiner Hoheit, der Reiche aber seiner Niedrigkeit; denn wie die Blume des Grases wird er vergehen.«
Zur Gattung *Chrysanthemum* zählen etwa 200 Arten, wovon nur wenige als Zierpflanzen in den Gärten Eingang fanden. Jedoch sind die Varietäten so zahlreich und ihre Rolle in der Gartenflora so wichtig, daß nur Spezialisten sie alle kennen. Unzählige Bücher wurden über sie geschrieben, und es gibt Zeitschriften, die sich ausschließlich mit der Taxonomie von Hunderten ihrer Gartenvarietäten beschäftigen, die, wie man weiß, alle von zwei ostasiatischen Wildformen abstammen.
Die gemeine Chrysantheme ist eine 40–80 cm große einjährige Pflanze mit verzweigendem und belaubtem Stamm. Ihre Blätter sind doppelt fiederspaltig. Die gelben Blütenköpfe haben einen Durchmesser von 4–5 cm mit über hundert Blütchen, deren Blumenkrone in 5 dreieckigen Zähnen und 15–20 Strahlenblütchen enden. Der Kopf ist von einer Reihe ungleicher Deckblätter umgeben. Die Blütchen haben 5 Staubgefäße mit freien Filamenten, aber verwachsenen Antheren, die eine Röhre um den in zwei Narben endenden Fruchtknoten herum bilden. Nachdem alle Blütchen von Insekten bestäubt wurden, biegen sich die Strahlenblütchen nach innen.

Kronenmargerite *Chrysanthemum coronarium*

Weiße Lilie

Lilium candidum L.

Zuoberst auf den beiden Säulen bei der Vorhalle des Tempels war eine Arbeit aus *Lilien*, jede vier Ellen dick.

1. Könige 7,19

Ich bin die Narzisse in Saron, die *Lilie* in den Tälern. Wie die Lilie unter den Dornen, so ist meine Freundin unter den Mädchen.

Hoheslied 2,1–2

Ich will für Israel sein wie der Tau, es soll blühen wie die *Lilie* und Wurzeln schlagen wie die Pappel.

Hosea 14,5

Freuen sollen sich die Wüste und das dürre Land, frohlocken die Steppe und blühen! Gleich der *Narzisse* soll sie blühen und frohlocken, ja frohlocken und jubeln!

Jesaja 35,1–2

Die weiße Lilie zierte die Säulenkapitelle in vielen antiken Zivilisationen, in Ägypten, Assyrien, in der minoischen Kultur und im Tempel Salomos in Jerusalem. Sie war ein Symbol der Schönheit, oft auch von Fruchtbarkeit und Reichtum. Unter christlichem Einfluß wurde sie zum Symbol für geistliche Reinheit, Heiligkeit und Auferstehung und deshalb häufig in der Nähe und Umgebung von Kirchen angepflanzt. Unter dem Namen »Marienlilie« taucht die Blüte oft auf alten Kirchengemälden auf, die Maria mit der Lilie in der Hand oder in ihrer Nähe zeigen.

Das hebräische Wort *shoshan (shushan)* meint sicher die weiße (echte) Lilie, trotz der umfangreichen Literatur und der heftigen Debatten der Sprachforscher hinsichtlich ihrer Identifizierung und Zuordnung. *L. candidum* wächst in Galiläa und auf dem Karmel und war einst im Heiligen Land wesentlich weiter verbreitet.

Ḥavatzeleth, von der Zürcher Bibel in Hoheslied 2,1 und in Jesaja 35,1 mit »Narzisse« wiedergegeben, sollte man auch mit »Lilie« übersetzen in Übereinstimmung mit »blühen wie die Lilie« (Hosea 14,5). *Ḥavatzeleth* kommt nur in Hoheslied 2,1 und Jesaja 35,1–2 vor und ist zweifellos bedeutungsgleich mit der echten Lilie.

Die weiße Lilie ist ein zwiebelartiges Gewächs, das 1–1,5 m hoch wird. Ihre Zwiebel besteht aus vielen verdickten Häuten mit grünen Blättern, die sich nur aus den inneren Lagen entwickeln. Der Stengel ist voll belaubt und endet in einer Reihe waagrecht ausgerichteter Blüten. Sie blühen etwa 4–5 Tage lang und sind die ganze Zeit über geöffnet, duften aber während der Nacht stärker. Ihr nächtlicher Duft und die weiße Farbe, die ein Kontrast zur Dunkelheit bildet, zieht die Habichtsfalter an, die sie bestäuben. Die Lilie entwickelt im Normalfall lebensfähige flache Samen in großen Kapseln, die sich zur Zeit der Reife öffnen.

Die geistlichen Eigenschaften, die in frühen Zeiten der weißen Lilie zugeschrieben wurden, fanden durch einen päpstlichen Erlaß im 17. Jh. ihre offizielle religiöse Anerkennung. Der Erlaß verweist auf diese Blume im Zusammenhang mit der künstlerischen Darstellung der Verkündigung Mariae. In der Tat zeigen viele Madonnenbilder der Renaissance das auffallende Weiß und die anmutige Form der weißen Lilie so u. a. die Werke von Botticelli und Tizian.

Meerstrandnarzisse

Pancratium maritimum L.

Tazette

Narcissus tazetta L.

Die Meerstrandnarzisse und die Tazette werden bisweilen als die »Lilie« der Bibel *(shoshan)* angesehen, was jedoch nicht haltbar ist.

Meerstrandnarzisse

Die Meerstrandnarzisse gilt in Israel treffend als der Vorbote von Regen. Ihre schneeweißen Blüten erscheinen lange vor den Blättern.
Diese verbreitete zwiebelartige Strandpflanze der überwiegend tropischen Familie der Amaryllis kommt auch in bestimmten gemäßigten Zonen vor. Einige der etwa 15 Arten der Gattung *Pancratium,* einschließlich der Meerstrandnarzisse, wurden wegen ihrer lieblichen, großen, weißen Blüten auch in den Gärten heimisch. Der Name stammt von dem Griechischen *pan* »alles« und *krotion* »Kraft« ab, was auf ihre allgemeine Heilkraft verweist. Die Araber nennen sie *susan al bahr* – Lilie des Strandes.
Sie gehört zu einer Gruppe von Pflanzen, die im Spätsommer blüht und erst etwa einen Monat später Blätter ausbildet. Ob diese zwei Phasen – die generative und die vegetative – irgendwelche ökologischen Vorteile mit sich bringen, läßt sich nicht eindeutig sagen.
Da die Pflanze auf veränderlichen Sandböden und Dünen wächst, wo die Gefahr der Freilegung der Zwiebel besteht, entwickelt sie kontraktierbare Wurzeln, welche die Zwiebel wieder auf ihre optimale Tiefe ziehen können.
Der fleischige Blütenschaft endet in einem doldenartigen Blütenstand, der aus vier bis zehn großen weißen, trichterartigen Blüten besteht, die häufig bis zu 8 cm lang sind. Die Blüten öffnen sich am späten Nachmittag und haben, ähnlich der Narzisse, eine innere Krone, die von den verwachsenen Antheren der sechs Staubgefäße gebildet wird. Die Bestäubung geschieht in der Regel durch den Habichtsfalter, der durch den starken Duft und die weiße Farbe während der Nacht angelockt wird. Die einzelne Blüte lebt nur eine Nacht und einige Stunden am folgenden Morgen. Bald nach der Blüte werden große Fruchtkapseln gebildet. Sie enthalten viele schwärzliche Samen mit einer schwammartigen Oberfläche, die es ermöglicht, daß die Samen lange Zeit auf dem Wasser treiben können und so eine Verbreitung von Küste zu Küste stattfinden kann.

Tazette

Die Tazette, die man, wenngleich unbegründet, gelegentlich wie die Meerstrandnarzisse für die Lilie der Bibel hält, gehört zur Familie der Amaryllis. Die Familie umfaßt 65 Gattungen und etwa 800 Arten, wovon die überwiegende

Tazette *Narcissus tazetta*

Mehrheit auf die südliche Hemisphäre beschränkt ist.
In Israel sind zwei Narzissusarten heimisch. Die Tazette ist nicht nur in den feuchten Böden der Schwemmebenen anzutreffen, sondern auch in den Bergen zwischen Sträuchern und Felsen, selbst im nördlichen Negev. Sie blüht im November und geht im Februar in den Ruhezustand (Dormanz) über.
Die Blüten, die sich nacheinander öffnen und waagrecht ausrichten, bestehen aus vier Teilen: dem verdickten, unterständigen Fruchtknoten, der grünen, darüberstehenden Blütenröhre, den sechs weißen, abstehenden Blütenblättern und der aufrechten, zitronengelben Krone, die aus den Antheren der sechs Staubgefäße gebildet wird. Der Griffel ragt kaum aus der Blüte heraus. Die waagrechte oder hängende Lage schützt die Pollen und den Nektar vor dem Regen.
Durch die auffallenden Farben und den angenehmen Geruch, der sich nachts verstärkt, werden Insekten mit langen Rüsseln angelockt. Die Frucht, eine kurze Kapsel auf einem schwachen Stengel, fällt nach der Reife ab und gibt die Samen frei, die wahrscheinlich durch Ameisen verbreitet werden.

Meerstrandnarzisse *Pancratium maritimum*

Bergtulpe

Tulipa montana Lindl.

Die *Blumen* erscheinen im Lande, die Zeit des Singens ist da, und das Gurren der Turteltaube hebt an.

Hoheslied 2,12

Die Tulpe mit ihrem Farbenreichtum gehört vermutlich zu den *nitzanim,* einer Gruppe von Blumen, die im Hohenlied (2,12) genannt sind. Das hebräische *nitzanim* ist identisch mit dem arabischen *nissan,* das in den arabischsprechenden Ländern (besonders im Irak) gewöhnlich eine ganze Gruppe schöner roter Blumen bezeichnet. Diese Arten blühen nicht gleichzeitig, sondern nacheinander: den Anfang macht die Kronenanemone, den Schluß der Klatschmohn. Dies muß in biblischer Zeit schon genauso aufgefallen sein wie heute.

In Israel ist die Bergtulpe die häufigste Art der Gattung *Tulipa,* zu der etwa 100 Arten gehören. Wegen ihrer Schönheit und der unterschiedlichen Farben wurde sie schon sehr früh zur Zierpflanze. Hauptzuchtgebiet ist seit Jahrhunderten Holland. Die einheimische Art wurde nach sorgfältiger Zucht eine beliebte und weitverbreitete Zierpflanze.
T. montana ist ein Zwiebelgewächs mit wenigen lanzettlich-linealischen Blättern, die um den 20 bis 40 cm langen Blütenstiel herum entspringen. Dieser endet in einer großen, karmesinfarbenen Blüte, deren sechs längliche Blütenblätter sich am Abend schließen und am Morgen öffnen. Sie blüht etwa eine Woche lang. Danach bilden sich große Fruchtkapseln mit vielen flachen Samen. Die Kapseln springen an drei Nähten auf und geben die Samen frei.

Phönizische Rose

Rosa phoenicia L.

Ich bin aufgewachsen wie ein Palmbaum in En-Gedi und wie die *Rosenstöcke* in Jericho.
Jesus Sirach 24,14

In biblischer Zeit wurde in den Gärten eine Rosensorte gezogen, die aus einem der Nachbarländer stammte und kosmetischen Zwecken diente sowie als Zierpflanze beliebt war. Der orientalische Mensch schätzte von jeher Parfüms und Duftstoffe sehr, zu deren frühesten das Rosenwasser gehörte. Obwohl die Zeit des ersten Rosenanbaus nicht genau bekannt ist, läßt sich einigermaßen sicher sagen, daß seine Anfänge in den Mittelmeerländern lagen.
Das hebräische *vered,* das mit Rose übersetzt werden kann, kommt nur in der nachbiblischen Literatur vor, davon mehrere Male im Talmud: »Keine Gärten und Obstgärten sollten in Jerusalem angelegt werden, ausgenommen Rosengärten, die es schon seit der Zeit der frühen Propheten dort gibt« (*Baba Kama* 82b); »Der Bräutigam am Hochzeitstag trägt einen Kranz aus Rosen« (*Meggilath Taanith* 327).
Vier Arten der Gattung *Rosa* sind in Israel heimisch. Zwei davon sind kleine Bergsträucher, der eine auf dem Berg Hermon, der andere auf dem Berg Sinai. Von den restlichen ist *R. canina* auch in vielen gemäßigten Ländern anzutreffen, während *R. phoenicia* nur an Flußufern der östlichen Mittelmeerländer gedeiht.
Diese Rosen sind Sträucher mit vielen stark verzweigenden, dornigen Ästen und Blättern, die aus zwei oder drei gezähnten Fiederblattpaaren bestehen. Die großen weißen Blüten wachsen in Büscheln. Die Früchte sind genießbar und reifen im Spätsommer.

9 Heilmittel und Gewürze Duftstoffe und Räucherwerk

Obwohl Heilungen durch Pflanzen in der Bibel nicht ausdrücklich erwähnt sind, kannte man bereits viele und ganz bestimmte pflanzliche Heilmittel. Daß die Bibel – mit der einzigen Ausnahme des Schlangenbisses – an keiner Stelle Heilungen durch Zauberei oder Magie vorschreibt, ist angesichts der damaligen weiten Verbreitung solcher Praktiken erstaunlich. Doch das Gesetz verbot sie wegen Abgötterei. Der wahre Heiler war Gott und das Gebet galt deshalb als das meist verordnete Heilmittel: »Der Herr stützt ihn auf dem Siechbette; sein ganzes Krankenlager wandelst du« (Psalm 41,4).

Etwa 100 einheimische Pflanzenarten werden mit unterschiedlichen Ergebnissen auch heute noch von der Landbevölkerung und den Beduinen als Heilmittel verwendet. Zu den in der Bibel ohne Hinweis auf ihre Heilkraft erwähnten Pflanzen gehören gefleckter Schierling, Rizinus, Chinesischer Zimt, Lorbeer, Olive, wilder Kürbis, aber auch Ysop, Kaper, Knoblauch, Kreuzkümmel und Krokus. Bei Thompson (1949) findet sich eine Liste der Heilpflanzen, die als *materia medica* für die Königsfamilien von Assyrien bestimmt waren. Aus solchen Dokumenten geht allerdings auch hervor, daß diese Pflanzen auch von der Bevölkerung zu Heilzwecken verwendet wurden. Da dies den Glauben an die alleinige Heilkraft Gottes untergrub, blieben sie in der Bibel unerwähnt. Einige kommen auch in der ägyptischen Literatur vor. Die Malve z. B. war (und ist es immer noch) in den offiziellen Arzneibüchern verschiedener Länder als Heilpflanze anerkannt. Einige andere Pflanzen wie Myrrhe, Weihrauchstrauch, Balsam, Lorbeer, Myrte, Tragant, Storax und Ingwergras finden – wenn auch in geringerem Ausmaß – auch heute noch in der pharmazeutischen Industrie Verwendung.

Der Mensch griff schon immer nach Gewürzen, um den Geschmack und den Duft seiner täglichen Nahrung zu verbessern. Die Herstellung von Kosmetika und Duftstoffen blühte bei den Assyrern und Sumerern, da die sinnliche Freude, die Parfüme bewirken, genauso gefragt war. So weiß man, daß wohlriechende Pflanzen schon 3000 v. Chr. kultiviert wurden. Die Gärten an den Hängen Babylons waren bekannt für ihren starken Blütenduft. Lieder und Gedichte priesen die feinen Duftstoffe und deren sinnenerregende Eigenschaften. Dies dürfte wohl auch der Grund sein, warum Gewürze und Duftstoffe allmählich auch Eingang fanden in religiöse Riten und bei Heilungen und Salbungen, Wundern und Zauberei, Reinigungen und Einbalsamierungen verwendet wurden.

Die Bibel, besonders das Hohelied, beschreibt an vielen Stellen ausführlich solche Duftstoffe, z. B. Hoheslied 5,5: »Ich stand auf, um zu öffnen meinem Freunde die Hand an den Griffen des Riegels. Da troffen meine Hände von Myrrhe, von flüssiger Myrrhe meine Finger.« Mit solch kostbarem Öl wurden die Könige gesalbt – so Saul und David von Samuel – und der Hohepriester im Tempel. Im Neuen Testament ist häufig die Rede von dem Brauch, den Körper mit duftendem Öl zu salben (Markus 16,1; Lukas 23,56; Johannes 19,39–40).

Die Bestimmung und Zuordnung dieser Gruppe von Pflanzen, von denen ein Teil nach Israel eingeführt wurde, ein Teil einst im Land wuchs, inzwischen aber ausgestorben ist, hat viele Kontroversen unter Wissenschaftlern und Forschern ausgelöst. Das folgende Kapitel geht auch auf einige dieser Probleme ein.

Weißer Wermut

Artemisia herba-alba Asso

Darum spricht der Herr der Heerscharen also über die Propheten: Siehe, ich will sie mit *Wermut* speisen, will sie mit Giftwasser tränken.

Jeremia 23,15

... die ihr das Recht in *Wermut* verkehrt und die Gerechtigkeit zu Boden werft!

Amos 5,7

Das hebräische Wort *laanah*, das achtmal in der Bibel zu finden ist, hat gelegentlich zu heftigen Disputen geführt, weil weder sprachlich noch aus dem Zusammenhang heraus irgendwie zu belegen ist, daß es sich bei *laanah* um eine Bitterpflanze handelt. Die Identität mit dem Wermut wird von vielen Auslegern bejaht, die ihre Folgerungen aus frühen Übersetzungen wie z. B. der Septuaginta und Vulgata ableiten. Da es häufig in Verbindung mit *rosh* (gefleckter Schierling) vorkommt, nimmt man an, daß es sich bei den beiden Wörtern, wie bei anderen Wortpaaren in der Bibel, um Synonyme handelt.

Das griechische *apsinthos* steht für das biblische *laanah* und bezeichnet die heimische *Artemisia herba-alba*, weil diese Art des Wermut weite Teile der Wüsten Israels überzieht; ein schlüssiger Beweis, daß *laanah* mit *Artemisia* identisch ist, fehlt jedoch.

Obwohl die Pflanze streng und auch ziemlich bitter schmeckt, wird sie von den Wüstenziegen gefressen. Die getrockneten Blätter werden von den Beduinen im Sinai und im Negev für Tee verwendet. Wermut wird auch als Heiltrank gegen Würmer benützt, wie sein englischer Name (wormwood) andeutet.

Der weiße Wermut ist ein etwa 40 cm hoher, stark verzweigender Zwergstrauch mit grauen, dichtbehaarten und geteilten Blättern, die am Ende der Regenzeit abgeworfen und durch kleine, schuppenartige Sommerblätter ersetzt werden. Der Stamm und die Zweige entwickeln im Herbst kleine Blüten, die wie bei den anderen Compositen, in Köpfchen stehen. Jedes Köpfchen besteht aus zwei bis vier Blütchen. Nach der Bestäubung entwickeln sich winzige Früchte mit einem Haarbüschel, das die Verbreitung unterstützt.

Wilder Kürbis

Citrullus colocynthis (L.) Schrad.

Da ging einer aufs Feld hinaus, um Kräuter zu sammeln, und er fand ein wildes Rankengewächs und las davon sein Kleid voll *wilde Gurken.* Und nachdem er heimgekommen war, schnitt er sie in den Kochtopf; denn er kannte sie nicht. Als er sie aber den Leuten zum Essen hinschüttete und sie von dem Gericht aßen, schrien sie: Der Tod ist im Topfe, Mann Gottes!

2. Könige 4,39–40

Der wilde Kürbis wächst im südlichen Teil der Küstenebene und im Jordan-Tal, wo sich in der Nähe von Gilgal Elisa und die Söhne der Propheten zusammenfanden. Mit »wilde Ranken« werden treffend seine Stengel und Blätter bezeichnet. Der Ausruf: »Der Tod ist im Topfe«, ist ein weiterer Hinweis darauf, daß es sich bei dieser Pflanze um *C. colocynthis* handelt, da ihre Frucht ein tödliches Gift enthält. Es ist deshalb vom Zusammenhang her und auch linguistisch korrekt, das hebräische *pakuoth-sadeh* mit »wilder Kürbis« wiederzugeben. Einige klassische Übersetzungen setzen darüber hinaus dafür *Koloquinte.*

Der Sinai und der westliche Negev liefern eine große Menge Koloquinten, die geschält in großer Zahl weltweit der pharmazeutischen Industrie zugeführt werden. Die Samen sind genießbar und liefern den Beduinen in kargen Zeiten eine Art grobes Brot, nachdem die Früchte zuvor gestampft wurden.

C. colocynthis ist eine perennierende Pflanze der heißen Wüste mit einer dicken Wurzel von hohem Wassergehalt. Sie hat einen kurzen Stamm, der sich von der Basis an verzweigt und lange, kriechende Triebe bildet, die ovale, handförmiggeteilte Blätter und verzweigte Ranken besitzen. Die gelben Blüten, einzeln zwischen den Blättern stehend, ähneln denen der Wassermelone. Die Frucht ist kugelig, im ausgereiften Zustand gelb und erreicht etwa die Größe eines Apfels. Sie hat eine harte, glatte, häufig dunkel nervierte Schale, ein schwammartiges Fruchtfleisch und weiße oder braune Samen. Als Heilmittel, besonders gegen Magenschmerzen, wird sie vielerorts angewendet. Das Fruchtfleich ist ein stark wirkendes Abführmittel, das in großen Mengen verzehrt, nicht selten drastische Wirkung zeigt.

Gefleckter Schierling

Conium maculatum L.

Ihre Trauben sind *giftige* Trauben, sie haben bittere Beeren. Drachengeifer ist ihr Wein und grausames Otterngift.

5. Mose 32,32–33

Meines Elends und meiner Irrsal zu gedenken, ist Wermut und *Gift.* Ohne Unterlaß denkt meine Seele daran und ist gebeugt in mir.

Klagelieder 3,19–20

Und als sie an einen Platz namens Golgota (das bedeutet: Schädel) gekommen waren, gaben sie ihm Wein mit *Galle* vermischt zu trinken; und als er gekostet hatte, wollte er nicht trinken.

Matthäus 27,33–34

Das hebräische *rosh* wird sehr verschieden übersetzt, oft innerhalb derselben Übersetzung. Von einigen Forschern wurde es als gefleckter Schierling bestimmt. Diese Zuordnung ist sprachlich nicht haltbar, obwohl im modernen Hebräisch so festgelegt. Seine Verwendung im entsprechenden Zusammenhang verweist auf ein giftiges Getränk oder eine solche Speise: »Und sie gaben mir Gift *(rosh)* zur Speise und Essig zu trinken für meinen Durst« (Psalm 69,22). Die häufige Verbindung mit *laanah* (Wermut) deutet darauf hin, daß es sich entweder um eine bestimmte Pflanze oder ein Synonym handelt.

Es dürfte nicht zu vermessen sein, wenn man annimmt, daß aus dem in Griechenland bekannten *Conium* der Gifttrank des Sokrates hergestellt wurde. Das Gift, Koniin, ist in der Frucht besonders stark konzentriert.

Der gefleckte Schierling gehört zu den Umbelliferen. Es ist ein einjähriges oder perennierendes Kraut und wird 1 m oder mehr hoch. Der Stamm verzweigt sich, die Blätter sind fiederschnittig. Der verzweigte Blütenstand bildet eine Dolde aus schmalen weißen Blüten. Die Frucht besteht aus zwei kleinen, gerippten Fruchtblättern. Die Pflanze blüht im Frühjahr in der Nähe von Häusern und in abgelegenen und vernachlässigten Gegenden.

Die Pflanze wurde auch als *Hyoscyamus* (siehe: »Bilsenkraut«) bestimmt, weil *sakaran* (giftig) der arabische Name für *Hyoscyamus muticus* wie auch für *Conium* ist. Es ist aber auch möglich, daß *rosh* ursprünglich eine bestimmte Pflanze bezeichnete, aber allmählich zur Bezeichnung aller Arten von Gift wurde.

Bilsenkraut

Hyoscyamus aureus L.;

H. muticus L.

Dann geht die Grenze weiter an den Nordabhang von Ekron und biegt um nach *Schikkaron;* dann läuft sie weiter zum Berg Baala, setzt sich fort bis Jabneel und endet am Meer.
Josua 15,11

Während die Spalten von Felsen und alten Stadtmauern als das natürliche Habitat einiger Hyoscyamus-Arten galten, wächst diese Art in den Wüsten Israels und im Sinai.
Es kann dem hebräischen *shikrona* zugeordnet werden wie bei Josephus (Altertümer, Buch III, 7,6), der in einer Beschreibung, die auf das Bilsenkraut paßt, die Pflanze *saccharus* als *Hyoscyamus* ausweist. Die Übersetzung dieses Namens mit Bilsenkraut findet so Stütze in dem griechischen Wort und durch den biblischen Ortsnamen Schikkaron – in Judäa (Josua 15,11), wo *H. aureus* sehr häufig anzutreffen ist.
Es gibt fünf Arten von *Hyoscyamus* in Israel, davon ist *H. aureus* die verbreitetste. Es wächst in Felsspalten und in alten Stadtmauern, wie z. B. in Jerusalem. Es ist ein ausdauerndes Kraut, 30–50 cm hoch, sehr klebrig und von der Basis an stark verzweigt. Die gezähnten oder gelappten Blätter sind mit Drüsenhaaren bedeckt. Die dichten Büschel der Blüten werden nach dem Verblühen stachelig. Sie sind groß und mehr oder weniger zweilippig mit einem dunklen, purpurroten Flecken auf der oberen Lippe. Die Staubgefäße und der Griffel ragen aus der Blüte heraus. Die Frucht ist eine Kapsel, die aus zwei Fruchtblättern besteht. Sie öffnet sich leicht, ist aber in den harten fünfzähligen Kelch eingeschlossen.
Weil sie ein Alkaloid – das Hyoscyamin – enthalten, werden die meisten *Hyoscyamus*-Arten, von denen einige giftig sind, medizinisch verwendet. Die giftigste Art ist *H. muticus*, das in der Medizin weithin eingesetzt wird, vor allem auch als Betäubungsmittel.

Bilsenkraut *Hyosciamus aureus*

Herbstmandragora/Alraune

Mandragora autumnalis L.

Nun ging einst Ruben aufs Feld, zur Zeit der Weizenernte; dort fand er *Liebesäpfel* und brachte sie seiner Mutter Lea heim. Da sprach Rahel zu Lea: Gib mir von den Liebesäpfeln deines Sohnes. Sie aber antwortete ihr: Ist's nicht genug, daß du mir meinen Mann genommen hast? Nun willst du auch noch die Liebesäpfel meines Sohnes haben!

1. Mose 30,14–15

Es duften die *Liebesäpfel,* vor unseren Türen sind köstliche Früchte, frische zusammen mit jährigen; die habe ich, mein Geliebter, dir aufgespart.

Hoheslied 7,14

Mein Bruder Ruben brachte vom Feld *Liebesäpfel* mit ... und es wuchsen süßduftende Äpfel über den Flüssen im Lande Aram.

Testamente des Issachar 1,3–5

Die magischen Kräfte der Mandragora waren Gegenstand einer Vielzahl von Literatur. Uns interessiert das hebräische *dudaim,* das in den drei Zitaten mit »Liebesäpfel« übersetzt ist.
Mit *dudaim* in 1. Mose 30,14 ist sicher nicht *Mandragora* gemeint, die nie in Mesopotamien wuchs, wo Jakob, Lea und Rahel lebten. In dem zitierten pseudepigraphischen Abschnitt sind *dudaim* Äpfel, die nicht auf den Feldern, sondern an Bachufern zu finden sind. Im Hohenlied ist es widersinnig, sie gemeinsam mit den »köstlichen Früchten« aufzuzählen. Der einzige Beleg, der *dudaim* mit *Mandragora* gleichsetzt ist die aramäische Übersetzung des 1. Buches Mose und die Wiedergabe in der Mischna mit *yavruhim,* das die Araber einiger Mittelmeerländer für Mandragora noch verwenden. *Dudaim* wurde auch von den Griechen mit *Mandragora* übersetzt. Es bleibt jedoch unsicher, ob diese Übersetzung zutreffend ist.

Die Mandragora galt in nachbiblischer Zeit als Aphrodisiakum und wird auch in der späteren Literatur, besonders in mittelalterlichen Abhandlungen, wegen der Wertschätzung ihrer Wurzeln erwähnt. Die Griechen, in deren Land die Mandragora häufig vorkommt und wo sie wegen der ihr innewohnenden aphrodisischen Kraft geschätzt ist, nannten sie »Liebesapfel«. Sie glaubten an ihre Wirkung als Liebestrank, wenn man sie zuvor in Wein gelegt hatte, und als empfängnisförderndes Mittel. Die Araber nannten sie »Teufelskerze«, weil sie glaubten, daß sie in der Dunkelheit scheine, worüber auch Josephus Flavius in seinem »Jüdischen Krieg« (Buch VII, 6,3), berichtet. Primitive Völker preisen die Mandragora auch heute noch und umgeben sie mit Geheimnissen, besonders wegen ihrer seltsamen Wurzeln, die manchmal eine verwirrend menschenähnliche Form zeigen.

Neuere Forschungen haben ergeben, daß die Mandragora sowohl beruhigende als auch aphrodisische Wirkstoffe enthält. Da die sedativen Bestandeile aber überwiegen, dürfte die geringe Menge stimulierender Hormone nicht unbedingt eine aphrodisische Wirkung erzielen.
Die Mandragora, ein Nachtschattengewächs, ist eine mediterrane Gattung. Es ist ein stengelloses, perennierendes Kraut mit dicken, bizarr verzweigten Wurzeln und großen, eirautenförmigen Blättern mit deutlicher Nervatur, die in einer Rosette stehen. Im Winter entwickelt sie bläuliche, glockenförmige Blüten, die an langen Stielen stehen. Die wohlriechenden, pflaumenartigen, gelblichroten Früchte reifen im Frühling, bleiben aber zuweilen bis in den frühen Sommer auf dem Feld. Sie sind genießbar, aber man sagt ihnen einschläfernde und abführende Wirkung nach.

Hennastrauch

Lawsonia inermis L.

Mein Geliebter ist mir wie eine *Cypertraube* in den Weinbergen von En-Gedi.
Hoheslied 1,14

Der Hennastrauch wird nur im Hohenlied erwähnt, diesem an sprichwortartigen, aber nicht immer wirklichkeitsbezogenen Aussagen reichen Buch. Man nimmt an, daß Henna, damals wie heute als einzelner Baumstrauch oder in Gruppen für häusliche Zwecke in Höfen wuchs, nicht aber, wie das Hohelied andeutet, ein Gartenbaum war.
Der Strauch wurde hauptsächlich wegen seines Farbstoffes angebaut. Das aus den getrockneten, zerstoßenen Blättern gewonnene Pulver wurde mit Wasser vermischt und daraus eine Paste gewonnen, die man über verschiedene Körperteile strich, besonders über die Nägel und die Haare. Henna färbt auch Stoffe nachhaltig, es ist eine Zutat zu Parfümen, und seine duftenden, dichtstehenden weißen Blüten wurden als Sträuße in indischen Tempeln geopfert. Die Ägypter gehörten zu den ersten Völkern, die Henna für kosmetische Zwecke verwendeten. Auch hüllten sie ihre Mumien in mit Henna gefärbte Tücher ein. Hennapuder wird heute noch in den Basaren aller größeren arabischen Städte verkauft. Aus den Blüten destilliert man ein duftendes ätherisches Öl – *mehendi* –, das als Parfüm und bei religiösen Festen verwendet wird. Ein aus der Rinde gewonnener Sud dient den Arabern als Heilmittel.
Die Übersetzung des hebräischen *kopher* mit Henna wird sowohl sprachlich als auch aus dem Zusammenhang heraus gestützt. Den Farbstoff selbst nannten die alten Ägypter *puker,* die Kopten *kupr* oder *kufer,* im Aramäischen und Akkadischen heißt er *kufra,* unter dessen Namen er auch in der nachbiblischen Literatur bekannt ist.
Lawsonia inermis gehört zur Familie der *Lythraceae* und ist die einzige Art ihrer Gattung. Ihre natürliche Heimat reicht vom tropischen Nordosten Afrikas über Arabien, Persien bis nach Nordwest-Indien. Da sie schon früh in Kultur genommen wurde, ist ihre ursprüngliche Heimat unbekannt.
Der Henna-»baum« wird bis zu 4 m hoch und verzweigt sich stark nach oben hin. Seine Blätter sind eiförmig, ganzrandig und gegenständig. Es ist immer äußerst eindrucksvoll, wenn im Frühling seine Büschel duftender weißlicher Blüten aufbrechen. Seine Früchte sind vielsamige, kleine, kugelige Kapseln, die bei der Reife aufplatzen. In Jericho und in anderen Dörfern des Jordantales und auch in der Küstenebene ist er noch zu finden, in En-Gedi ist er jedoch ganz verschwunden.

Färberröte

Rubia tinctorum L.

Nach Abimelech stand Tola, der Sohn *Puas*, des Sohnes Dodos, ein Mann aus Issachar. Er wohnte in Schamir auf dem Gebirge Efraim.
Richter 10,1

In biblischer Zeit wurde die Färberröte hauptsächlich wegen ihrer Wurzeln geschätzt, die einen roten Farbstoff, das Alizarin, enthalten, das weithin zum Färben von Stoffen und Lederwaren verwendet wurde. Zu diesem Zweck baute man sie in allen Ländern des Nahen Ostens entweder in besonderen Beeten oder in Olivenhainen an.
Der hebräische Name der Färberröte ist *puah, puvah* oder *fuah*. In der Bibel kommt er nur als Familienname in 1. Mose 43,13; Richter 10,1 und 1. Chronik 7,1 vor. Der arabische Name ist *fuwwa*.
In der nachbiblischen Literatur wird sie nicht nur als nützliche Färberpflanze erwähnt, sondern auch auf ihre verschiedenen Eigenschaften hingewiesen, vermutlich, weil der roten Farbe viele folkloristische Attribute eigen sind; dem »roten Faden« z. B. kann man in den Überlieferungen vieler Völker immer wieder begegnen. Sie wurde lange Zeit zur Behandlung von Gelbsucht verwendet und ist als solche bei Plinius in seiner *Naturalis Historia* (24, 27, 95) und bei Dioscurides in der *Materia Medica* (3.150) erwähnt. Seit der Verwendung synthetischer Farbstoffe in der Industrie ist der Anbau der Färberröte jedoch stark zurückgegangen.
Die Färberröte ist ein perennierendes Kraut mit einem langen, krautigen, kletternden Stengel. Seine lanzettlichen Blätter stehen zu 2–6 in Quirlen. Die kleinen Blüten sind gelblich-grün, die Früchte rote kugelige Beeren.

Amberbaum

Liquidambar orientalis Miller

Dann setzten sie sich nieder, um zu essen. Als sie nun ihre Augen erhoben, sahen sie eine Karawane von Ismaelitern daherkommen aus Gilead, die ihre Kamele mit Gummi, *Balsam* und Harz beladen hatten und damit nach Ägypten hinab unterwegs waren.

1. Mose 37,25

Ist denn kein *Balsam* mehr in Gilead? Ist kein Arzt mehr dort? Warum will ich nicht heilen die Wunde der Tochter meines Volkes?

Jeremia 8,22

Die Bedeutung des biblischen *tzori,* das sechsmal in der Bibel, davon dreimal in Verbindung mit Gilead vorkommt, ist stark umstritten. Die unterschiedlichen Meinungen können hier nicht wiedergegeben werden. Es besteht jedoch kein Zweifel, daß *tzori* ein Gummi oder Harz ist, das man aus der angeritzten Rinde eines bestimmten Baumes (mit Namen *kataf* in der nachbiblischen hebräischen Literatur) erhält. Das Wort *nataf,* das nur einmal in der Bibel (2. Mose 30,34) erwähnt wird, und zwar als Zutat zum heiligen Öl, ist ein Synonym von *tzori.*

Der Bezug auf Gilead als Zentrum des Storax-Gummi bei Jeremia und im 1. Buch Mose sowie die Verbreitung und die klimatischen Ansprüche von *Liquidambar orientalis* in der südwestlichen Türkei (aber auch im Libanon) legen die Annahme nahe, daß der Baum in Gilead nordöstlich von Jerusalem in biblischer Zeit wuchs. Aber wie viele nahezu ausgestorbene nördliche Pflanzen ist er inzwischen verschwunden.

Die Gattung *Liquidambar* besteht aus vier Arten, von denen zwei in der sino-japanischen Region beheimatet sind, eine in Nord- und Zentralamerika und eine *(L. orientalis)* in Südwest-Anatolien und wahrscheinlich in Nordsyrien. Von letzterer konnte kürzlich nachgewiesen werden, daß sie mit *L. styraciflua* eng verwandt ist.

Der Storax wird 6–10 m hoch. Der Blattfall findet im Winter statt. Seine Blüten bilden kugelige gelbliche Köpfe, seine Früchte sind spitze Kapseln. Die Bäume der Bestände in Südwest-Anatolien liefern einen Gummi, der im Handel als Levant-Storax bekannt und medizinisch wertvoll ist. Der Gummi, den man aus dem Stamm erhält, ist eine gräulich-braune Masse, die dickflüssig bis solid wird und etwa 30 Prozent Säure enthält.

Der Auffassung von Lagarde (1886) ist zuzustimmen, daß der griechische Name *storax* von dem hebräischen *tzori* herzuleiten ist.

Rizinus

Ricinus communis L.

Und Gott der Herr entbot einen *Rizinus;* der wuchs über Jona empor, um seinem Haupte Schatten zu geben und ihm so seinen Unmut zu nehmen. Über diesen Rizinus freute sich Jona sehr. Als aber am folgenden Tage die Morgenröte aufstieg, entbot Gott einen Wurm; der stach den Rizinus, so daß er verdorrte.

Jona 4,6–7

Das hebräische *kikayon* erscheint in der Bibel nur in dieser Stelle. Es ist in vielen Übersetzungen unterschiedlich wiedergegeben worden: in der Septuaginta mit *kolucunti,* in der Vulgata mit *hedera,* bei Luther und in der Zürcher Bibel mit *Rizinus.* Am besten trifft den Zusammenhang Rizinus. Es ist ein schnell wachsendes, einjähriges oder perennierendes Kraut, das eine Höhe von 4 m und mehr erreicht. Sein aufrechter Stamm entwickelt so viele gefingerte Blätter, daß die Pflanze einen Wanderer vor der sengenden Sonne schützen kann. Die anderen Pflanzen sind kriechend oder rankend.

Dokumente ägyptischer Heilkunde erwähnen *kaka* als eine Pflanze, die nach Herodot in Ägypten wegen ihres *Kiki*-Öles, das den Brennstoff für die Lampen lieferte, weit verbreitet im Anbau war. Der Talmud erwähnt gelegentlich *kikayon* als eine Pflanze, aus der man das für Heilzwecke schon lange Zeit bekannte Rizinusöl gewinnt.

Der Rizinus ist hauptsächlich eine tropische Pflanze, deren Ursprungsland nicht bekannt ist. Es soll aus dem tropischen Afrika stammen. In 6000 Jahre alten ägyptischen Gräbern wurden Reste gefunden, was beweist, daß er seit langem in Ägypten wächst. Er ist in Israel heimisch, wo er an vernachlässigten Plätzen und in einigen Wüstenwadis wächst. Stattliche »Wälder« des Rizinus wurden im Arnondelta in Jordanien beobachtet.

An der Spitze seines Stammes und der Zweige stehen eingeschlechtige Blüten um eine ährenförmige Achse, die weiblichen unterhalb der männlichen. Die Früchte sind zwei bis dreifächrige Kapseln, die 1–3 cm lang werden. Jede Zelle enthält einen einzigen großen Samen, dessen Endosperm bis zu 60 Prozent aus dem für Heilzwecke so wichtigen Öl besteht, aber auch aus einem tödlichen Gift, dem Rizin. Heute wird das Öl in der Hauptsache als Schmiermittel für Flugzeuge und in der Plastikindustrie verwendet.

Grauweiß behaarte Zistrose

Cistus incanus L.

Dann setzten sie sich nieder, um zu essen. Als sie nun ihre Augen erhoben, sahen sie eine Karawane von Ismaelitern daherkommen aus Gilead, die ihre Kamele mit Gummi, Balsam und *Harz* beladen hatten und damit nach Ägypten hinab unterwegs waren.

1. Mose 37,25

... ein wenig Balsam und ein wenig Honig, Gummi und *Harz* und Pistaziennüsse und Mandeln.

1. Mose 43,11

Alle Heilmittel und Leckerbissen, die im 1. Buch Mose aufgeführt sind, scheinen im biblischen Gilead heimisch zu sein, wo die Myrrhe, ein tropischer Strauch, jedoch nicht wächst. Die Übersetzung von *lot* mit Myrrhe wie in manchen Übersetzungen kann deshalb nicht korrekt sein. Die meisten Übersetzer geben jedoch *lot* mit »Zistrose« – *Cistus creticus* (oder genauer *C. incanus*) – wieder, was sprachlich und vom Verwendungszweck her gesehen auch zutreffend ist.

Einige Arten von *Cistus* aus der Familie der *Cistaceae* liefern eine harzartige Substanz. Man gewinnt den Extrakt aus den Blättern und Zweigen mit einem rechenähnlichen Instrument, das Lederstreifen anstelle von Zähnen hat. Man zieht es über die Pflanze, und der dicke Saft bleibt am Leder hängen. Man kann das Harz auch durch Auskochen der Zweige in Wasser gewinnen oder – wie auf Zypern – indem man die Bärte der Ziegen kämmt, die *Cistus* beweiden.

Das Harz (Labdanum oder Ladanum) wird in gedrehten oder spiralförmigen Stücken gehandelt und hat einen balsamartigen Geruch und einen bitteren Geschmack. Aus dem Harz gewinnt man ein goldfarbenes ätherisches Öl mit einem penetranten Geruch nach Ambergries. Das Harz, das früher als Stimulans und auswurfförderndes Mittel verabreicht wurde, findet heute hauptsächlich in der Parfümindustrie Verwendung und dient als Weihrauch in den Kirchen des Ostens, wo sein starker Geruch leicht wahrzunehmen ist.

Ladanum ist vermutlich das nordafrikanische *latai,* das wiederum mit dem assyrischen *ladanu* verwandt ist, der Bezeichnung für das aus *Cistus* gewonnenen Gummi. Die aramäische Übersetzung von *lot* im 1. Buch Mose ist *letem,* das eindeutig mit dem *lotem* des Talmud identisch ist. Es entspricht in Gebrauch und Kontext *Cistus incanus,* das in Gilead und anderswo sehr verbreitet ist.

Die grauweiß behaarte Zistrose ist ein bis zu 70 cm hoher Busch mit behaarten, klebrigen Blättern. Im Frühjahr, wenn er erblüht, verschönen die großen rosa Blüten die eintönige Vegetation. Die Früchte sind Kapseln mit kleinen Samen. Es ist eine Hauptpflanze in vielen Zwergbuschgesellschaften, gedeiht aber hauptsächlich auf kalkigen Mergelböden (Rendzina) des Mittelmeergebietes (siehe: »Myrrhe«).

Astragalus

Astragalus gummifer Labill.;

A. bethlehemiticus Boiss.

Dann setzten sie sich nieder, um zu essen. Als sie nun ihre Augen erhoben, sahen sie eine Karawane von Ismaelitern daherkommen aus Gilead, die ihre Kamele mit *Gummi,* Balsam und Harz beladen hatten und damit nach Ägypten hinab unterwegs waren.

1. Mose 37,25

... ein wenig Balsam und ein wenig Honig, *Gummi* und Harz und Pistaziennüsse und Mandeln.

1. Mose 43,11

Das biblische *nekhoth,* das zusammen mit anderen Früchten und Heilmitteln aus Gilead herangebracht wurde, könnte durchaus Tragant gewesen sein, das aus einer lokalen Astragalusart oder aus *A. gummifer* auf dem Berg Hermon gewonnen wurde. Die enge Verbindung von Gilead mit den in den beiden Bibelstellen aufgeführten Gütern läßt darauf schließen, daß es ein Handels- oder Herstellungszentrum für Arzneimittel und Delikatessen war.

Die Übersetzung des hebräischen, in der Bibel zweimal erwähnten *nekhoth* mit »Gummi« ist zu allgemein; es sollte genauer mit »Tragant« übersetzt werden. Tragant ist ein trockenes Exudat aus einer bestimmten stachlichen, strauchförmigen Astragalusart, die in mehreren Ländern des Mittleren Ostens, einschließlich Israel vorkommt. Die Bedeutung des Wortes *nekhoth* ist heftig diskutiert worden. Zur Unterstützung einer ganz bestimmten Identifikation sei angeführt, daß *nakaa* oder *nakaath* der arabische Name für diesen sehr bekannten, seit langer Zeit in der Medizin, der Industrie und der Herstellung von Delikatessen verwendeten Latex ist. Der einst weitverbreitete Handel mit Tragant blüht auch heute noch.

Man gewinnt diesen Stoff, indem man die Wurzel des Busches einige Zentimeter unter der Erde anschneidet und etwa einen Tag offen läßt, um das Herauslaufen der kleinen Flocken zu ermöglichen. Diese werden gewöhnlich von Hirten für die heimischen und ausländischen Märkte gesammelt.

Die Gattung *Astragalus,* die zu den Leguminosen gehört, umfaßt ca. 1800 Arten, wovon viele den Tragant-Gummi erzeugen. Im Mittleren Osten gibt es 30 oder mehr Arten, die in alpinen oder subalpinen Höhen gedeihen. Erwähnenswert davon sind *A. gummifer* und *A. adscendens.* Unter den anderen Arten ist *A. bethlehemiticus,* der in Judäa und Gilead wächst.

Die hier erwähnten Pflanzen sind stachlige, 30 bis 50 cm große Büsche. Sie sind von Grund auf stark verzweigt und haben gefiederte Blätter mit mehreren Paaren von Fiederblättchen an einer dünnen Mittelrippe. Die Blüten stehen dicht in achselständigen Köpfen. Die kleinen Früchte sind stark behaart und werden vom Wind verbreitet.

Hermon-Astragalus *Astralagus gummifer*

Ingwergras

Cymbopogon martinii Stapf;

C.spp.

Du aber nimm die wohlriechende, auserlesene Spezerei: fünfhundert Lot von selbst ausgeflossene Myrrhe, halb so viel Zimt, also zweihundertfünfzig Lot, ferner zweihundertfünfzig Lot *Würzrohr.*

2. Mose 30,23

Was soll mir der Weihrauch aus Saba, das *Würzrohr* aus fernem Lande? Eure Brandopfer gefallen mir nicht.

Jeremia 6,20

Wein von Helbon und Wolle von Zahar lieferten sie dir als Tauschware. Aus Usal kamen Eisenbarren, Kassia und *Würzrohr* für dich zum Austausch. Dedan handelte mit dir in Satteldecken zum Reiten. Die Araber und alle Fürsten von Kedar trieben Handel für dich.

Ezechiel 27,19–21

Duftende Gräser waren in der antiken Welt im täglichen Gebrauch zur Herstellung von Parfümen, Kosmetika, Gewürzen und Medikamenten. Sie wurden aus Indien oder dessen Nachbarländern eingeführt.
Die uralte Verwendung dieser Pflanzen wird durch die Tatsache bestätigt, daß bei der Öffnung der Pharaonengräber der 20. und 21. Dynastie im Jahr 1884 etwa 3000 Jahre nach der Bestattung der angenehme Geruch von *C. schoenanthus* unter anderen noch deutlich wahrnehmbar war (Schweinfurth 1884).
Man nimmt an, daß die hebräischen Wörter *kaneh hatov, knei-bosem* und manchmal auch nur *kaneh* perennierende aromatische Gräser bezeichnen. Es ist müßig, darüber zu spekulieren, welche der drei oder vier möglichen Arten gemeint war. Es ist auch fraglich, ob die biblischen Autoren an eine bestimmte Art der Gattung *Cymbopogon* dachten, obwohl eine davon in Israel wild wächst.
Die wichtigsten unter den Süßgräsern sind *Cymbopogon martinii* (Palmerosaöl-Gras), *C. schoenanthus* Spreng. (Kamel-Gras) und *C. citratus* (D.C.) Stapf. (Citronella-Gras), die wie fast alle Arten dieser Gattung aromatische Öle und sich chemisch voneinander unterscheidende Öle liefern. Man gewinnt das Öl durch Dampfdestillation der grünen Teile der Pflanze.
Einige der aromatischen Gräser werden heute noch in Indien und anderen Ländern wegen ihrer ätherischen Öle angebaut.

Cymbopogon citratus

Weihrauchstrauch

Boswellia sacra Flueckiger

Nimm dir Spezerei: wohlriechendes Harz, Räucherklaue, Galbanum und reinen *Weihrauch* ... und mache ein Räucherwerk daraus, ein Würzgemisch, wie es der Salbenmischer bereitet, gesalzen und rein, für den heiligen Gebrauch.

2. Mose 30,34–35

Als sie aber den Stern sahen, wurden sie sehr hoch erfreut und gingen in das Haus hinein und sahen das Kind mit Maria, seiner Mutter. Und sie warfen sich nieder, huldigten ihm, taten ihre Schätze auf und brachten ihm Gaben dar, Gold und *Weihrauch* und Myrrhe.

Matthäus 2,10–11

Es begab sich aber, als er in der Reihe seiner Abteilung vor Gott Priesterdienst tat, da wurde er nach dem Brauch des Priesterdienstes durch das Los bestimmt, in den Tempel des Herrn zu gehen und zu *räuchern.* Und die ganze Menge des Volkes stand betend draußen zur Stunde des Räucheropfers.

Lukas 1,8–10

Weihrauch zählte zu den Tempelschätzen (Nehemia 13,5) und war ein wichtiger Bestandteil des Räucherwerks, aber auch von Parfümen. Das Harz der aufgeführten Art – wahrscheinlich auch anderer der 24 Arten der Gattung *Boswellia,* die in Arabien und Ostafrika vorkommen – sind Exsudate wie jene von Balsam und Myrrhe, die in der ganzen antiken Welt gehandelt wurden. Zusammen mit anderen teuren Gütern wurde Weihrauch von den Phöniziern über die berühmte Gewürzroute durch Südarabien und von einigen ostafrikanischen Häfen aus nach Israel gebracht. Es bestand auch ein Karawanenweg für Importe aus Indien.
Heute wird Weihrauch als Räucherwerk im Gottesdienst und bei Zeremonien der römisch-katholischen Kirche verwendet, ist aber auch im medizinischen Bereich weit verbreitet.

Der hebräische Name für Weihrauch ist *levonah.* Die Bestimmung von *Boswellia* mit *levonah* ist unbestritten, ihre sprachliche Untermauerung findet sie im arabischen Namen *luban.*
Die hier behandelte *Boswellia*-Art ist ein mittelgroßer Strauch mit gefiederten Blättern und kleinen, grünlichen oder weißlichen Blüten. Die Harzmenge, die auf natürliche Weise von den Blättern ausgeschieden wird, kann stark erhöht werden, wenn man den Stamm anritzt. Die Tropfen sind glänzend, gelblich oder rötlich und haben einen sehr bitteren Geschmack.

Balsambaum

Commiphora gileadensis (L.) Engl.

Ich kam in den Garten meiner Schwester und Braut, pflückte meine Myrrhe und meinen *Balsam*, ich aß meine Wabe und meinen Honig, trank meinen Wein und meine Milch.
Hoheslied 5,1

Der Balsambaum in Judäa wurde von Schriftstellern und Reisenden des Altertums wie Josephus, Plinius, Tacitus und Dioscurides gerühmt und gepriesen. Während des Krieges mit den Römern versuchten die Juden vergeblich, das nahezu ausschließliche Monopol Judäas an Balsamhainen zu zerstören. Etwa zur gleichen Zeit wurde die Pflanze erfolgreich in Ägypten eingeführt. Reiseberichte aus den ersten Jahrhunderten dieser Epoche zeigen, daß Teile der Balsamplantagen die Zerstörung Judäas überdauerten.

Jüngste Ausgrabungen im Gebiet des alten En-Gedi brachten Werkzeuge, Gefäße und Öfen antiker Werkstätten für die industrielle Herstellung des Balsams zutage.

Balsamharz war bereits im Handel, lange bevor es in der Bibel genannt wurde. Es war ein sehr einträgliches Geschäft, das ausschließlich die Araber kontrollierten. Sie hielten Herkunft und Herstellung geheim und erfanden geradezu Schreckensgeschichten darüber, z. B. daß die Bäume von geflügelten Schlangen bewacht würden.

Nach der Meinung einiger Forscher gelangte der Balsambaum von En-Gedi und Jericho, der für die Qualität seines Harzes berühmt war, als Setzling zusammen mit anderen Geschenken der Königin von Saba zu König Salomo. Aus botanischer Sicht ist dies einsichtig, da nachgewiesen wurde, daß die ägyptische Königin Hatchepsut 1600 v. Chr. frische Myrrhe-Pflanzen aus Punt (Somalia) nach Ägypten mit Erfolg einführte. Möglich ist aber auch, daß eine Art von *Commiphora* bei En-Gedi zusammen mit anderen wilden tropischen Pflanzen in Kultur genommen wurde und seitdem, wie viele andere wilde Pflanzen, verschwunden ist.

Balsam wurde auf dreierlei Art verwendet: als Zutat zum heiligen Öl, als Heilmittel bei der Behandlung von Wunden und als Gegengift bei Schlangenbissen. Außerdem diente es als Teilstoff von Parfüms. Zu diesem Zweck wurde das scharfriechende Harz in ein Öl oder eine Paste gepreßt.

Da viele tropischen Bäume und Sträucher unter den tropischen Bedingungen des Jordangrabens wachsen (im Aravah-Tal, um das Tote Meer und in nahe gelegenen Teilen des Jordan-Tales), könnte auch die fragliche Art einst hier heimisch gewesen sein. Tatsächlich wächst sie heute in Hedjas (Südwest-Arabien) unter Bedingungen, die denen des Jordan-Tales ähnlich sind. Der Balsamstrauch, der lateinisch fälschlicherweise »Balsam von Gilead« heißt, könnte deshalb von der Bevölkerung um Jericho und En-Gedi aus den heimischen Arten zu den überragenden Varietäten gezüchtet worden sein, von denen der israelische Balsam seinen Ruf herleitete. Dies dürfte jedenfalls eine bessere Erklärung sein und auch wahrscheinlicher als die Legende, daß der Balsamstrauch ein Geschenk der Königin von Saba aus Arabien an König Salomo war. Einige tropische Büsche, die in Arabien mit dem Balsam vergesellschaftet sind, wachsen in der Gegend von En-Gedi und Jericho.

Die Wörter *basam, bosem* und *besem* kommen über vierzigmal in der Bibel und den Apokryphen in unterschiedlichen Formen und Beugungen vor, meistens in Verbindung mit Heilung, Düften und Gewürzen. Mit demselben biblischen Namen wird der Balsam oder Balsambaum bezeichnet wie in der obigen Bibelstelle. Die arabische Bezeichnung ist *balasam* oder *balsham.* Sein Derivat *parsam,* das talmudische *aparsimon* und das griechische *opobalsamum* wurden später Beiwörter zu *Commiphora.* Um der Nomenklatur gerecht zu werden, wurde dieser Name dann durch *Commiphora gileaden-*

sis ersetzt, obwohl die Pflanze nie in Gilead wuchs. Die Übersetzung dieser Art von *Commiphora* mit dem biblischen *basam* ist die wahrscheinlichste und geobotanisch auch korrekter als alle anderen unzulänglichen Übersetzungen. Der Balsambaum ist ein Strauch oder kleiner Baum, der in heißen Wüsten oder Halbwüsten wächst. Seine Blätter bestehen aus drei bis fünf Fiederblättchen, die während der Trockenzeit abgeworfen werden. Die kleinen Büschel weißer Blüten entwickeln sich zu kleinen Steinfrüchten mit einem duftenden, gelben Samen. Die Pflanze stammt aus Südwest-Arabien und Somalia, wo sie in der Dornbuschgesellschaft unter ariden tropischen Bedingungen wächst, oft zusammen mit Büschen und Bäumen wie *Balanites aegyptica* und Arten von *Maerua*, *Ziziphus* und anderen.
Es gibt etwa 100 Arten von *Commiphora*, früher als *Balsamodendron* bekannt, wovon einige deutlich harzend oder Latex absondernd sind. Der harzige, wohlriechende Balsam wird natürlich ausgeschieden oder durch Anritzen des Stammes und der Zweige künstlich gewonnen. Die ursprüngliche Farbe des Harzes ist strahlendes Grün, das später braun wird und nach seiner Verdichtung auf die Erde fällt, wo es dann aufgesammelt wird.

Myrrhe

Commiphora abyssinica (Berg.) Engl.

Von *Myrrhe* und Aloe, von Kassia duftet all dein Gewand.

Psalm 45,9

Und sie warfen sich nieder, huldigten ihm, taten ihre Schätze auf und brachten ihm Gaben dar, Gold und Weihrauch und *Myrrhe*.

Matthäus 2,11

Die Bibel beschreibt Myrrhe, das wertvollste und beliebteste Harz, als Bestandteil des heiligen Öles und als ein Schönheitsmittel. Im Altertum war es ein gefragtes Parfüm und fand auch in der Heilkunde Verwendung. Die alten Ägypter verwendeten es als Duftstoff in ihren Tempeln und als Schmuck ihrer Toten. Myrrhe zählte deshalb zu den wichtigen Gütern im Handel mit den großen Reichen des Ostens (Offenbarung 18,13).

Sowohl bei der Geburt wie auch beim Tod Jesu spielt Myrrhe eine Rolle. Sie war eines der Geschenke, das die »Weisen aus dem Morgenland« dem Kind Jesus brachten (Matthäus 2,11), und sie wurde Jesus vor seiner Kreuzigung gereicht (Markus 15,23). Nikodemus brachte eine Mischung aus Myrrhe und Aloe mit den Leinentüchern, in die der Körper Jesu eingehüllt wurde (Johannes 19,39–40).

Mor wird richtig mit »Myrrhe« übersetzt und als *Commiphora abyssinica* bestimmt, wenngleich auch andere Arten von *Commiphora* mit dem biblischen *mor* gemeint gewesen sein können.

Diese Art und einige ähnliche stammen aus Arabien, Äthiopien und Somalia. Bei allen handelt es sich um dornige, verzweigte Sträucher oder kleine Bäume, die auf steinigen Böden wachsen. Ihre kleinen Blätter bestehen aus ovalen Fiederblättchen, ihre Früchte ähneln einer kleinen Olive. Die duftenden Stämme und Äste scheiden auf natürliche Weise Tropfen eines öligen Harzes aus. Der Ausfluß läßt sich durch Anritzen verstärken. Das Harz verfestigt sich schließlich.

Weitere Forschungen werden zeigen müssen, ob die Identifizierung dieser Pflanze *(Commiphora abyssinica)* als Myrrhe haltbar ist.

Galbanum

Ferula gummosa Boiss.

Und der Herr sprach zu Mose: Nimm dir Spezerei: wohlriechendes Harz, Räucherklaue, *Galbanum* und reinen Weihrauch.
2. Mose 30,34

Wie eine Zeder auf dem Libanon wuchs ich in die Höhe... Wie Zimt und Würzbalsam duftete ich und verbreitete Wohlgeruch wie erlesene Myrrhe, wie *Galbanum,* Räucherklaue und wohlriechendes Harz, wie Weihrauchdunst im heiligen Zelt.
Jesus Sirach 24,13.15

Galbanum, ein Gummiharz, wird zweimal in der Bibel erwähnt. Im 2. Buch Mose ist es Zutat zum Weihrauch, bei Jesus Sirach wird es als ein süßes Gewürz beschrieben, obwohl es tatsächlich ein übelriechendes Harz ist. Trotz des griechischen, aramäischen und syrischen Namens *ḥalbane*, das mit dem hebräischen *ḥelbenah* verwandt ist, läßt es sich noch nicht mit letzter Sicherheit bestimmen.
Galbanum wurde zweifellos in das alte Israel eingeführt, da weder hier noch in einem der Nachbarländer eine Pflanze nachweisbar ist, die dieses Harz liefert.
Das gelbliche oder bräunliche Gummiharz wird aus einigen Arten von *Ferula* gewonnen, die im Iran und in Afghanistan wachsen, hauptsächlich aber aus *F. gummosa*.
Galbanum ist eine schlanke, krautige Pflanze der Umbelliferen mit großen, gefiederten Blättern, einem ziemlich dicken Stengel und großen Dolden, die aus kleinen, gelben Blüten bestehen. Das Harz wird am unteren Teil des Stengels und der Wurzel ausgeschieden; beide können auch angeschnitten werden, um den milchigen Saft aufzufangen. Nach der Ausscheidung wird der Latex rasch fest und bildet feste, wachsartige Klumpen. Galbanum wird seit langem in der Medizin als Karminativum sowie als auswurfförderndes und krampflösendes Mittel verwendet. Es gilt inzwischen als seltene Ware, wird aber noch von Indien exportiert.

Zimtbaum

Cinnamomum zeylanicum Nees

Du aber nimm dir wohlriechende, auserlesene Spezerei: fünfhundert Lot von selbst ausgeflossene Myrrhe, halb so viel *Zimt*.

2. Mose 30,23

Ich habe mein Bett mit Myrrhe besprengt, mit Aloe und mit *Zimt*.

Sprüche 7,17

... denn ihren Vorrat kauft niemand mehr ... allerlei Gerät von kostbarstem Holz und von Erz und Eisen und Marmor, und *Zimt* und Haarbalsam und Räucherwerk und Salbe und Weihrauch.

Offenbarung 18,12–13

Der Zimtbaum wird in vielen tropischen Ländern angebaut und seine Erträge gelten als weltweites Exportgut. Der Wert dieser Pflanze war schon im Altertum bekannt. Sie findet vielerlei Verwendung. Die Rinde, aus der ein im Handel gefragtes, leicht flüchtiges Öl gewonnen wird, wurde auch als Stange gehandelt, die zum Würzen von Süßigkeiten, als Beigabe in Currypulver, Räucherwerk und Duftstoffen diente. Die nachbiblische Literatur, vor allem die exegetische, beschäftigt sich ausgiebig mit der Pflanze und ihrem Duft.
Die vieldiskutierte Bestimmung des biblischen *kinnamon* als *Cinnamomum* ist geklärt und von der Wissenschaft weithin akzeptiert.
Da *C. zeylanicum* in Sri Lanka und der Küste Indiens heimisch ist, muß Zimt über weite Strecken transportiert worden sein. Das stimmt mit der Tatsache überein, daß Land- und Seehandelswege für den Handel mit Arzneien, Aromastoffen und Gewürzen nicht nur zwischen den Küsten des Mittelmeers und denen Indiens existierten, sondern auch weiter östlich reichten und sich an die alte »Seidenstraße« zwischen Indien und dem Fernen Osten anschlossen. Somit bestand auch eine Verbindung mit Südostarabien, wo das Haupthandelszentrum von Arzneimitteln und Gewürzen des Königreichs von Saba lag.
Zimt gehört zur überwiegend tropischen Familie der Lorbeergewächse. Das Hauptverbreitungsgebiet ihrer 275 Arten ist Süd- und Südostasien. In seiner Wildform ist es ein buschiger, immergrüner, ca. 6–10 m großer Baum mit einem stark verzweigenden Stamm. Die Blätter sind gegenständig, ledrig, eiförmig bis länglich, ganzrandig und etwa 10–15 cm lang. Die Blüten sind klein und übelriechend. Die kleinen Früchte haben den Geruch der Terebinthe.

Chinesischer Zimt

Cinnamomum cassia Blume

... und fünfhundert Lot *Kassia*, nach heiligem Gewicht, dazu ein Hin Olivenöl.

2. Mose 30,24

Die erste hieß Jemima, die zweite *Kezia* und die dritte Keren-Happuch.

Hiob 42,14

Darum hat dich der Herr, dein Gott, gesalbt mit Freudenöl vor deinen Genossen. Von Myrrhe und Aloe, von *Kassia* duftet all dein Gewand.

Psalm 45, 8–9

Zimtöl war ein kostbarer Duftstoff, einer der Bestandteile des heiligen Öles zur Salbung des »heiligen Zeltes« und des Hohenpriesters Aaron und seiner Söhne (2. Mose 30,22–32). *C. cassia* war auch Bestandteil des »Weihrauches«, der im Tempel verbrannt wurde. Das Zimtöl, auch als chinesischer Zimt bekannt, wird gewonnen, indem man die Blätter und Zweige einer Dampfdestillation unterzieht. Es ist aber auch in den unreifen Früchten enthalten. Verwendung findet das Öl als Aromastoff und in der Pharmazie. In den zitierten Abschnitten werden das hebräische *ketziah* und *kiddah* als Cassia wiedergegeben, wobei ersteres auch ein Familienname sein kann. Die Frage, ob *ketziah* und *kiddah* Synonyme sind oder sich auf verschiedene Pflanzen oder Drogen beziehen, wird sich nur schwer beantworten lassen. Weniger problematisch ist die Identifizierung von Cassia (verwandt mit *ketziah*) als *C. cassia.* Auch daß diese Stoffe aus dem Fernen Osten eingeführt wurden, ist kaum zu bezweifeln. Neuere Forschungen konnten nachweisen, daß sehr alte Handelsrouten zwischen Ost- und Westasien existierten.
Cassia (oder *C. obtusifolium* Nees var. *cassia*) ist ein Baum, der oft 10 m hoch wird. Er hat ziemlich große, dreinervige, gegenständige Blätter und kleine, blaßgelbe Blüten, die in einer Rispe stehen. Seine Heimat ist Ostasien, wo er verbreitet angebaut wird, besonders im südöstlichen China. Seine Rinde, die Knospen und das Öl nehmen von dort aus ihren Weg auf die Weltmärkte.

Adlerholzbaum

Aquillaria agallocha Roxb.

Aloe

Aloe vera L.

Von Myrrhe und *Aloe*, von Kassia duftet all dein Gewand.

Psalm 45,9

Aber auch Nikodemus, der das erste Mal bei Nacht zu ihm gekommen war, kam und brachte eine Mischung von Myrrhe und *Aloe*, ungefähr hundert Pfund. Da nahmen sie den Leib Jesu und banden ihn samt den Gewürzen in leinene Binden, wie es bei den Juden Sitte ist, zu begraben. Johannes 19,39–40

Der schlanke Baum des *A. agallocha* stammt aus Ostafrika und Nordindien und war wegen seines Duftes und seines Öles sehr gefragt. Das hebräische *ahaloth* meint ohne Zweifel diesen Baum. Der Name in Sanskrit lautet *aghal,* im Griechischen *xylaloe* oder *agallochon.* Die Zürcher Bibel übersetzt ihn mit Aloe. Diese Bestimmung der Pflanze scheint weit begründeter zu sein als jeder andere Versuch.
Die Gattung *Aquillaria* umfaßt 20 Arten, von denen einige das aromatische Adlerholz liefern, aus dem ein teures Parfüm gewonnen wird. Dieses Parfüm steht in der Bibel neben Myrrhe, Kassia, Zimt und anderen ausländischen Gewürzen.
Bei Johannes erscheint es als Duftstoff für Leichentücher, wobei es sich hier wahrscheinlich um ein Öl handelte, das aus den succulenten Blättern der *Aloe vera* oder auch *A. succotrina* und *A. barbadensis* gewonnen wurde. Seine Verwendung als Heilmittel wie auch als Ersatzstoff bei den Einbalsamierungen im alten Ägypten war weit verbreitet. Überreste dieser wahrscheinlich kultivierten Aloeart finden sich immer noch in einigen arabischen Ländern und auch in Israel. Sie ähnelt einer kleinen Flockenblume mit fleischigen Blättern, die eine Rosette bilden. Aus der Mitte der Rosette wächst jedes Jahr ein Stengel, der ährenförmige, rötlich-grüne Blüten trägt.

A. agallocha gehört zur Familie der *Thymelaeaceae,* die aus etwa 50 Gattungen und 500 Arten besteht, wovon die meisten in den gemäßigten Klimaten wachsen. Es ist ein bis zu 30 m hoch werdender Baum mit ganzrandigen, wechselständigen Blättern und Büscheln von Blüten mit einer farbigen Blütenhülle. Die Frucht ist eine zweiteilige Kapsel.

Aloe *Aloe vera*

Narde/Lavendelöl

Nardostachys jatamansi (Wall.) D.C.

Solange der König an seiner Tafel saß, gab meine *Narde* ihren Duft.

Hoheslied 1,12

Und als er in Betanien im Hause Simons des Aussätzigen war, kam, während er bei Tische saß, eine Frau mit einer Alabasterflasche voll echter, teurer *Nardensalbe*; sie zerbrach die Alabasterflasche und goß sie ihm über das Haupt.

Markus 14,3

Da nahm Maria ein Pfund echter, kostbarer *Nardens*albe, salbte Jesus die Füße und trocknete mit ihren Haaren seine Füße ab. Das Haus aber wurde erfüllt vom Geruch der Salbe.

Johannes 12,3

In biblischer Zeit wurde Lavendelöl zusammen mit anderen Heilmitteln und Gewürzen wie Kassia und Zimt aus Indien eingeführt. Heute gilt es nicht mehr als besonders wertvoll und gefragt.

Nerd, naird oder *nard* wird dreimal im Hohenlied erwähnt und zweimal im Neuen Testament, wo es eine aromatische Pflanze und das daraus gewonnene Öl bezeichnet. Es wurde in Parfümen und als Beigabe zum »Weihrauch« im Tempel verwendet. Die Übersetzung des hebräischen Wortes mit *Nardostachys* ist zwar nicht unbestritten, wird aber von den meisten Übersetzern akzeptiert. Griechisch lautet das Wort *nardos*, lateinisch *nardus*, syrisch und persisch *nardim*. In Nepal und anderen Teilen des Himalaya-Gebietes, von wo die Pflanze nach Indien gelangte, heißt sie *narada* oder *nalada*.

Die Narde ist ein perennierendes Kraut, das zu den Baldriangewächsen zählt. Die Blätter und der kurze Stamm sind dicht behaart, die Blütenbüschel klein. Alle Teile enthalten ein aromatisches ätherisches Öl, besonders aber der Wurzelstock, dessen duftendes Öl mit anderen Ölen gemischt wird zur Herstellung der kostbaren Nardensalbe, die einst als wertvolles Schönheitsmittel galt, aber auch in der Medizin zur Behandlung von Nervenkrankheiten verwendet wurde.

Kurkuma

Curcuma longa L.

Krokus

Crocus sativus L.

Dein Schoß ist ein Park von Granatbäumen mit allerlei köstlichen Früchten, Cypertrauben samt Narden, Narde und *Safran,* Gewürzrohr und Zimt samt allerlei Weihrauchhölzern, Myrrhen und Aloe mit den allerbesten Balsamen.

Hoheslied 4,13–14

Das hebräische *karkom* ist nur einmal in der Bibel erwähnt, und zwar in Verbindung mit Lavendel und Zimt – Gewürzen, die aus dem Fernen Osten importiert wurden. Einige Ausleger haben es mit *Curcuma longa* übersetzt, andere mit dem echten Krokus, *Crocus sativus* identifiziert, der aus den Nachbarländern eingeführt wurde. Kurkuma wuchs nie in diesem Land, Krokus wahrscheinlich erst in nachbiblischer Zeit.

Da der arabische Name für Kurkuma *kurkum* ist, für Krokus *saferam* und *kurkam* sind sprachlich gesehen beide Übersetzungen möglich. *Karkom* wäre so ein Homonym für zwei verschiedene Pflanzen in verschiedenen Perioden.

Sämtliche Quellen im Talmud, in denen *karkom* auftaucht, deuten auf eine Pflanze, deren Blüten (Narben) zum Färben und Heilzwecken gesammelt wurden. Aus dieser Sicht und der Tatsache, daß der Gartenkrokus in Israel leicht kultiviert werden kann, nicht aber Kurkuma, besteht kein Zweifel, daß die gesäten *Karkom*-Felder, die in der Mischna erwähnt sind, sich auf *Crocus sativus* beziehen.

Kurkuma ist eine schlanke, krautige Pflanze, die im südlichen Asien und in Ostindien beheimatet ist. Sie wird in China, Bengalen und Java wegen ihrer Rhizome angebaut. Sie enthalten eine gelbe oder orange Substanz, die, zu Pulver zerstampft, *kurkumin* genannt wird. Man verwendet es zum Würzen von Curries sowie zum Färben von Kleidern. Es enthält ein duftendes, beißendes, flüchtiges Öl, das in der Pharmazie Verwendung findet. Auf den arabischen Märkten wird es als *kurkum* verkauft und sowohl als Gewürz wie auch als Heilmittel verwendet.

Der Krokus ist eine kleine Pflanze mit einer unterirdischen Zwiebel, die ein Bündel länglicher Blätter und eine oder mehrere ziemlich große, bläulich bis lilafarbene Blüten mit sechs Blütenhüllblättern, drei Staubgefäßen sowie einem Fruchtknoten, der sich in viele fadenartige, gelbe Narben teilt, hervorbringt. Diese Narben liefern den Farbstoff für Speisen und Getränke, sind aber mühsam zu sammeln. 150 Blüten liefern nur ein einziges Gramm Krokusnarben.

All dies deutet darauf hin, daß das biblische

Krokus *Crocus sativus*

karkom mit Kurkuma und nicht mit Krokus zu übersetzen ist, der überwiegend zum Färben und nicht zum Würzen verwendet wurde. Aber die Zweifel bleiben, wenn man eine andere im Anbau weit verbreitete, einjährige Pflanze in Betracht zieht: Saflor, die zahlreiche Samen liefert und orange Blüten hat, aus denen ein Farbstoff extrahiert wird. Saflor *(Carthamus tinctorius)* gehört zu den *Compositeae* mit einem aufrechten, ca. 50 cm hohen Stamm. Sie stammt wahrscheinlich aus dem Nahen Osten von einer dort heimischen Pflanze ab, die in diesem Gebiet recht häufig anzutreffen ist. Sie wurde in Ägypten seit 3500 v. Chr. wegen ihrer orangefarbenen Blüten angebaut, die zum Färben von Stoffen verwendet wurden, später wegen des hohen Ölgehalts ihrer Samen sehr begehrt war. Die eigenartig duftenden Blüten werden heute noch in den großen Bazaren des Orients als Farbstoff zum Färben von Speisen angeboten.

Kurkuma *Curcuma longa*

Glossar

Nicht aufgenommen sind bereits im Text erklärte Begriffe

Adstringens zusammenziehendes, blutstillendes Mittel
Alkaloid überwiegend giftige stickstoffhaltige Verbindung
alluvial Böden aus Windablagerungen betreffend
arid trocken, dürr, wüstenhaft (v. Klima und Boden)
Annuelle Pflanzen, die nach einer Vegetationsperiode absterben
Anthere Staubbeutel der Blütenpflanzen
ätherisch flüchtig, sich verflüchtigend

Biotop Lebensraum

Compositen (Compositeae) Pflanzen mit korbförmigen Blüten, die zu Blütenständen vereinigt sind (Korbblütler)

diözisch zweihäusig, d. h. männliche und weibliche Blüten auf verschiedenen Individuen (Pflanzen)
diploid zwei Chromosomensätze
domestizieren züchterische Bearbeitung, um aus einer Wildpflanze eine Kulturpflanze zu machen
dominieren vorherrschen

Endosperm Nährgewebe in Pflanzensamen

fertil fruchtbar
Filament Staubfaden der Blüte
Flora Gesamtheit aller Pflanzen eines Gebietes

Habitat Standort, an dem eine Pflanze regelmäßig vorkommt
hexaploid sechs Chromosomensätze

Latex Milchsaft von Pflanzen
Leguminosen Hülsenfrüchtler

Maccia (auch Macchie) überwiegend immergrüne, typisch mediterrane Vegetationsform
mediterran zum Mittelmeer gehörend (Klima, Pflanzengesellschaften)
Mutante spontan auftretende Veränderung von Merkmalen, Chromosomen

Narben klebriger Teil des Fruchtknotens
Nodien Halmknoten (bes. bei Gräsern)

Ostium Öffnung (bei der Feige)

parthenokarp Entstehung samenloser Früchte ohne Befruchtung
perennierend mehrjährig, ausdauernd
Perigon Kelch- und Blütenblätter sind gleichgestaltig
Perikarp Fruchtwand der Früchte von Samenpflanzen
Pollen Blütenstaub (männl.)

Quirl die Blätter stehen in einer Ebene um den Stengel herum

Rhizom Erdsproß, der meist Speicherfunktion hat

Sedativa Beruhigungsmittel
semiarid Gebiete mit wenig Regen
Stamina Staubblatt der Pflanzenblüte
steril unfruchtbar, keimfrei
Stipula Nebenblatt am unteren Ende des Blattstieles
Stolone oberirdische Bildung einer Tochterpflanze wie bei der Erdbeere
Succulente (auch Sukkulente) wasserspeichernde Pflanze

taxonomisch systematische Zuordnung von Namen
tetraploid vier Chromosomensätze
Transpiration Wasserabgabe, schwitzen

Umbelliferen Doldengewächse

Varietät Ab-, Spielart, Genotyp
Vegetation Gesamtheit von Pflanzen, pflanzlicher Bewuchs

Ausgewählte Literatur

Bibel und Bibelübersetzungen

Bible. Hebrew. *Pentateuch, Prophets, Hagiographa.* Jerusalem: Koren, 1973.
Bible. Hebrew. *The Mikraoth Gedoloth with Commentaries.* Jerusalem: Schoken, 1959.
Bible. Aramaic. *The Bible in Aramaic,* based on old manuscripts & printed texts. ed. A. Sperber, 4 vols. Leiden: E. J. Brill, 1959–1973.
Bible. Greek. *The Septuagint Version of the Old Testament,* with an English translation by Sir L.C.L. Brenton and with various readings & critical notes. Grand Rapids, Mich.,: Zondervan Publishing House, 1970.
Septuaginta; id est, Vetus Testamentum graece iuxta LXX interpretes, ed. A. Rahlfs. 2 vols. Editio Quinta, 1952.
Bible. Latin. *Vetus Testamentum Latini* (Vulgate). Biblia Sacra Latina Veteris Testamenti Hieronymo interprete ex Antiquissima Auctoritate in Stichos Desripta. ed. Tischendorf. Leipzig: F. A. Brockhaus, 1873.
Bible. Syriac. *Vetus Testamentum Syriace.* The Old Testament in Syriac according to the pshitta Version. Edited on behalf of the International Organization for the Study of the Old Testament by the Pshitta Institute, Leiden. Leiden: E. J. Brill, 1972.
Bible. Coptic. *Coptic Sacrorum Bibliorum.* Fragmenta Copto-Sahidica. 4 vols. Text in coptic (Sahidic) with preliminary notes in Latin and preface in German. Reprint of the 1885–1904 edition. Rome: J. Balestri 1970.
The Apocryphal New Testament: being the Apocryphal Gospels, Acts Epistles and Apocalypses with other narrative and fragments, translated by M. R. James, 1st ed. Oxford: Clarendon Press, 1953.
Pseudepigrapha Series. Translated by H. Attridge, J. H. Charlesworth, R. A. Kraft, A. E. Purintum, R. S. Spittler, M. E. Stone, J. Strugnell, J. Timbie. New York: Society of Biblical Literature, 1972–1979.
Zürcher Bibel. Mit Verweisstellen und Anhang. Zürich: Verlag der Zwingli-Bibel / Stuttgart: Deutsche Bibelgesellschaft

Allgemeines Schrifttum

Danby, H. *The Mishnah.* Oxford University Press, 1938.
Dioscurides, P. *De Materia Medica.* ed. M. Wellmann, 3 vols. Berolini: Weidmann, 1958.
Hastings, J. *Dictionary of the Bible.* Edinburgh: T. & T. Clark, 1909.
Herzfeld, L. *Handelsgeschichte der Juden des Altertums.* Braunschweig: J. H. Meyer, 1879.
Howes, F. N. *Vegetable Gums and Resins.* Waltham, Mass.,: Chronica Botanica. Co., 1949.
Josephus, F. *Works: The Jewish War & Jewish Antiquities.* Translated by H. J. Thackeray, 9 vols. Cambridge, Mass.,: Harvard University Press, 1966–1969.
Mandelkern, S. *Veteris Testamenti Concordantiae.* Berlin. Schocken, 1937.
Plinius, S. G. *Natural History.* Translated by H. Rackham, 10 vols. Cambridge, Mass.,: Harvard University Press, 1945.
Preuß, J. *Biblisch-Talmudische Medizin.* Berlin: S. Karger, 1923.
Smith, W. *A. Dictionary of the Bible,* comprising its antiquities, biography, geography and natural history. London: J. Murray, 1863.

Botanik und verwandte Gebiete

Balfour, J. H. *The Plants of the Bible.* London: Nelson and Sons, 1866.
Boissier, E. *Botanique biblique ou courtes notices sur les végétaux mentionnés dans les Saintes Ecritures.* Geneve: Depat com-Publ. Relig, 1861–1862.
Boissier, E. *Flora orientalis sive enumeratio plantarum in oriente a Graecia et Aegypto an India fines hucusque observatarum supplementum.* 5 Vols 1867–1881. Supl. ed. R., Buser, Georg Bibliopolam Basillae et Genevae. 1888.
Buschan, G. *Vorgeschichtliche Botanik der Kultur- und Nutzpflanzen der Alten Welt auf Grund prähistorischer Funde.* Breslau: 1895.
Celsius, O. *Hierobotanicon; sive, De plantis Sacrae Scripturae dissertationes breves.* 2 vols. Amsterdam: 1748.
Crowfoot, G. M. and L. Baldensperger. *From Cedar to Hysop: a Study in the Folklore of Plants in Palestine.* London: 1932.
Dan, J. and Raz, Z. *Soil Association Map of Israel.* Jerusalem: Ministry of Agriculture, 1962.
Evenari, M. Schanan, L. and Tadmor, N. *The Negev, the Challenge of a Desert.* Cambridge, Mass.: Harvard University Press, 1971.
Feldman, U. *Plants of the Bible.* Tel Aviv: Dvir, 1956 (Hebrew).
Feldman, U. *Plants of the Mishnah.* Tel Aviv: Dvir, 1960 (Hebrew).
Felix, J. *Plant World of the Bible.* Tel Aviv: Massada, 1968 (Hebrew).
Felix, J. *Agriculture in Palestine in the Period of the Mishnah and Talmud.* Jerusalem & Tel Aviv: the Magnes Press & Dvir, 1963 (Hebrew).
Flannery, K. V. »The Ecology of Early Production in Mesopotamia«. ed. L. E. Sweet, *Peoples and Cultures in the Middle East.* American Museum of Natural History, Natural History Press, 1970.
Flückiger, F. A. *Pharmakognosie des Pflanzenreiches.* Berlin: Springer, 1891.

Fonck, L. *Streifzüge durch die biblische Flora.* Freiburg: Herder Verlag, 1900.
Forsskål, P. *Flora aegyptiaco-arabica, sive descriptiones plantarum, quas per Aegyptium inferiorum et Arabiam Felicem detexit.* ed. Niebuhr, 1775.
Galil, J. and Neeman, G. *The Fig Tree.* Jerusalem: The Ministry of Education, 1979 (Hebrew).
Goor, A. and Nurock M. *The Fruits of the Holy Land.* Jerusalem: Universities Press, 1968.
Harlan, J. R. *Crops and Man.* Madison, Wisc.,: American Society of Crop Science, 1975.
Hehn, Y. *Kulturpflanzen und Haustiere in ihrem Übergang aus Asien nach Griechenland und Italien sowie im übrigen Europa.* Berlin: Gebrüder Borntraeger, 1911.
Keimer, L. *Die Gartenpflanzen im alten Ägypten.* Hamburg: Hoffmann und Campe, 1924.
Loew, E. I. *Aramäische Pflanzennamen.* Leipzig: W. Engelmann, 1881.
Loew, E. I. *Die Flora der Juden.* 4 vols, Leipzig: Alexander Kohut Memorial Foundation, 1924–1938.
Moldenke, H. N. and A. L. *Plants of the Bible.* Waltham Mass.,: Chronica Botanica Co., 1952.
Post, G. E. *Flora of Syria, Palestine and Sinai.* 2nd ed. revised and enlarged by J. E. Dinsmore, Beirut: American Press, 1932–1933.
Reifenberg, A. *The Struggle between the Desert and the Sown.* Jerusalem: Publishing Dept., Jewish Agency, 1955.
Renfrew, J. M. *Paleoethnobotany.* London: Methuen L. Co., 1973.
Schweinfurth, G. *Arabische Pflanzennamen aus Ägypten, Algerien und Jemen.* Berlin: Reimer, 1912.
Simmonds, N. W. *Evolution of Crop Plants.* London: Longman, 1979.
Theophrastus. *Enquiry into Plants.* Translated by A. Hort. London: W. Heinemann, 1916.
Thompson, R. C. *A Dictionary of Assyrian Botany.* London: British Academy, 1949.
Thomson, W. M. *The Land and the Book.* London: T. Nelson & Sons, 1862.
Tristram, H. B. *The Natural History of the Bible:* being a review of the physical geography, geology and meteorology of the Holy Land, 8th ed., London: Society for the Promotion of Christian Knowledge, 1889.
Uphof, J. C. T. *Dictionary of Economic Plants.* New York: Cramer, 1968.
Waisel, Y. et al. (eds.) *Climatic Variations and Botanical History of Israel.* Proceedings of Seminar at the Tel Aviv University, 1971.
Woenig, F. *Die Pflanzen des alten Ägypten.* Amsterdam: Philo Press, 1971.
Zaharoni, M. and Berlinger, S. *Plants of the Bible.* Department of Education, Municipality of Haifa, 1969.
Zeybeck, N. *Styrax officinalis* L. Izmir: Scientific Reports Fac. Sci. Ege Uni. 1963.
Zohary, M. *The Plant Life in Palestine.* New York: Ronald Press Co., 1962.
Zohary, M. »Plants of the Bible«, *Encyclopedia Biblica.* 7 vols., Jerusalem: Mossad Bialik, 1955.
Zohary, M. »Flora of the Bible«, *Interpretors Dictionary of the Bible,* vol 1, 284–302. New York: Abingdon Press, 1962.
Zohary, M. *Geobotanical Foundations of the Middle East.* Stuttgart: Gustav Fischer Verlag, 1973.
Zohary, M. and Feibrun-Dothan, *Flora Palaestina.* Jerusalem: Israel Academy of Sciences and Humanities, 1966, 1972, 1979.
Zohary, M. *A New Analytical Flora of Israel.* Tel Aviv: Am Oved, 1976 (Hebrew).

Zeitschriften

Aaharonsohn, A. »Über die in Palästina und Syrien wildwachsend aufgefundenen Getreidearten«, *Verhandlungen der zoologischen-botanischen Gesellschaft, Wien,* Vol. 50 (1909) 485–509.
Birdwood, G. »On the genus Boswellia«, *Linnean Society,* London, Vol. 22 (1870) 111–148.
Bodenheimer, F. S. »The Manna in Sinai«, *The Biblical Archaeologist,* Vol. 10 (1947) 2–6.
Braidwood, R. J. »Early Food Producers: Excavations in Iraqi Kurdistan«, *Archaeology,* Vol. 5 (1952) 157–164.
Burkill, L. H. »Habits of Man and the Origins of the Cultivated Plants of the Old World«, *Linnean Society,* London, Vol. 164 (1951) 12–42.
Chaney, W. R. and Basbdirs, M. »The Cedars of Lebanon, Witness of History«, *Economic Botany,* Vol. 32 (1978) 119–123.
Cohen, A. »To the Identification of Shamir and Shait«, *Leshonenu,* vol. 23 (1959) 219–221 (Hebrew).
Danin, A. »A sweet Exudate of Hammada, Another Source of Manna in Sinai«, *Economic Botany,* vol. 26 (1972) 373–375.
Eig, A. »Les Éléments et les Groupes Phytogéographiques Auxilliaires dans la Flore Palestinienne«, *Fedde, Repertorium Specierum Novarum Regni Vegetabilis,* vol. 63 (1931) 1–201.
Fahn, A. »Some Anatomical Adaptations of Desert Plants«, *Phytomorphology,* vol. 14 (1964) 93–102.
Fahn, A. Wachs, N. and Ginzburg, C. »Dendrochronological studies in the Negev«, *Israel Exploration Journal,* vol. 13 (1963) 291–300.
Feibrun, N. »New Data on Some Cultivated Plants of the Early Bronze Age in Palestine«, *Palestine Journal of Botany,* vol. 1 (1938) 238–240.
Galil, J. »The Sycomore Tree in the Civilization of the Middle East«, *Teva Va'aretz,* vol. 8 (1966) 306–318, 335–338 (Hebrew).
Galil, J. »The Sycomore Tree in Israel's Culture«, *Teva Va'aretz,* vol. 9 (1966) 1–32 (Hebrew).
Galil, J. and Neeman, G. »Pollen Transfer and Pollination in the Common Fig« (*Ficus carica* L.). *New Phytologist,* vol. 79 (1977) 163–171.
Hareuveni, E. »Researches in Names of Palestine Plants«, *Leshonenu,* vol. 1 (1930) 239–246; vol. 2 (1931) 37–48 (Hebrew).
Hareuveni, E. »Recherches sur les Plantes de l'Evangile«, *Revue Biblique,* vol. 42 (1933) 230–234.
Hepper, F. N. »An Ancient Expedition to Transplant Living Trees«, *Journal of the Horticultural Society,* vol. 92 (1967) 435–438.
Lundgren, F. »Die Benützung der Pflanzenwelt in der alttestamentlichen Religion«, *Zeitschrift für die Alttestamentliche Wissenschaft,* vol. 14 (1908) 1–191. Töpelmann, Gießen.
Sulman, F. and Tietz, G. »The Sex Hormones of the Mandrake«, *Harefuah,* vol. 7 (1947) 1–4 (Hebrew).
Thimothy, B. »The Origin of the Manna«, *Nature,* vol. 55 (1897) 400.
Townsend, C. C. »Papilionaceae in Flora of Iraq«, *Ministry of Agriculture,* Iraq, vol. 3 (1974) 233–237.
Van Beek, G. W. »Frankincense an Myrrh«, *Biblical Archeologist,* vol. 23 (1960) 70–95.
Warburg, O. »Heimat und Geschichte der Lilie«, *Fedde, Repertorium Specierum Novarum Regni Vegetabilis,* Beihefte 167–204 (1929).
Zohary, D. »The Origin of Cultivated Cereals and Pulses in the Near East«, *Chromosomes Today,* Eds. Wahrmann, J. and K. Lewis. 4 (1973) 307–20. Jerusalem: Keter.
Zohary, D. and Spiegel-Roy, P. »Beginnings of Fruit Growing in the Old World«, *Science,* 187 (1979) 319–327.
Zohary, M. »The Arboreal Flora of Israel and Transjordan and Its Ecological and Phytogeographical Significance«, *Imperial Forestry Institute,* University of Oxford Institute, Paper 26 (1951).

Abkürzungsverzeichnis der Autoren von Pflanzennamen

Ait. – Aiton
Alef. – Alefeld
All. – Allioni
Ant. – Antoine

Bge. – Bunge
Boiss. – Boissier

Carr. – Carrière
Coss. – Cosson

D. C. – de Candolle
Decne. – Decaisne
Desf. – Desfontains

Engl. – Engler

Fôrssk. – Fôrsskål

Jacq. – Jacquin

Karst. – Karsten
Ky. – Kotschy

L. – Linné
Labill. – de Labilliardière
Lindl. – Lindley
Loud. – Loudon

Mansf. – Mansfeld
M. B. – Marshal von Bieberstein
Medic. – Medicus
Melv. – Melville
Mill. – Miller
Moll. – Mollinier
Moq. – Moquin-Tandon

Nand. – Nandin
Nees. – Nees von Esenbeck

Oliv. – Olivier

Roxb. – Roxburgh

Schrad. – Schrader
Spreng. – Sprengel
Standl. – Standley

Thunb. – Thunberg
Trin. – Trinius

Wall. – Wallman

Biblische Orts- und Personennamen, die auf das Vorkommen bestimmter Pflanzen schließen lassen

Ada, Weißer Saxaul, 149
Ardat, Oleander (Rosenlorbeer), 133
Aroër, Phönizischer Wacholder, 117
Aseka, Europäischer Bocksdorn, 167
Aschur/Aschhur, Sode, 150

Betonim, Terebinthe, Pistazie, 65

Dilan, Flaschenkürbis, 87

Elim, Buschiges Jochblatt, 148
Ethnan/Etnan, Behaarte Spatenzunge, 146

Hagarmi, Gegliederter Anabasis, 147

Jarmut(h), Hammada,151
Jeremot(h), Hammada, 151

Kenchreä, Rispenhirse, 77
Knidos (?), Golddistel, 160

Lus, Mandelbaum, 66

Mattan, Behaarte Spatenzunge, 146
Mattana, Behaarte Spatenzunge, 146
Mattenai, Behaarte Spatenzunge, 146

Pua, Färberröte, 191

Remet(h), Hammada, 151
Rhode, Phönizische Rose, 181
Rhodos, Phönizische Rose, 181

Schebarja, Sode, 150
Schikkaron, Bilsenkraut, 187
Schittim, Akazie, 116
Schuni/Suni, Gegliederter Anabasis, 147

Zuluf/Zuluph, Dorniger Kapernbusch, 98
Zelofhad/Zelophhad, Dorniger Kapernbusch, 98
Zilla, Stachlige Zilla, 166

Verzeichnis der zitierten Bibelstellen

Die in Klammern stehenden Zahlen verweisen auf die Seiten im Buch. Die jeweils *kursiv* hervorgehobene Zahl gibt die Seite mit den Hauptbibelzitaten an, in denen die Pflanze genannt ist oder darauf Bezug genommen wird.

Verzeichnis der Pflanzennamen

Kursiv gesetzt sind die wissenschaftlichen Pflanzennamen sowie die Zahlen der Seiten, auf denen die Pflanzen ausführlich dargestellt werden.

Namen- und Sachregister

Hebräische Pflanzennamen des Alten Testaments

Griechische Pflanzennamen des Neuen Testaments